Tabellen zur Tragwerklehre

ALLGEMEINES — A

LASTANNAHMEN — L

TRAGSYSTEME — TS

HOLZ — H

STAHL — St

BETON & MAUERWERK — BM

STAHLBETON — StB

GRÜNDUNGEN — G

Tabellen zur Tragwerkslehre

$1 N = 100 g$
$10 N = 1000 g = 1 kg$
$1 kN = 1000 N = 100 kg$
$10 kN = 10.000 N = 1000 kg = 1 t$

ALLGEMEINES

L LASTANNAHMEN

TS TRAGSYSTEME

H HOLZ

ST STAHL

50 kg/—
50 kg/m? 10 cm   6 w/cm

BM BETON & MAUERWERK

SB STAHLBETON

G GRÜNDUNGEN

Franz Krauss,
Wilfried Führer

Tabellen zur Tragwerklehre

5., überarbeitete Auflage

Rudolf Müller

Die Deutsche Bibliothek – CIP-Einheitsaufnahme

Krauss, Franz:
Tabellen zur Tragwerklehre /
Franz Krauss; Wilfried Führer. –
5., neubearb. Aufl. –
Köln : R. Müller, 1991

ISBN 3-481-00411-7

NE: Führer, Wilfried:; HST

ISBN 3-481-00411-7

© Verlagsgesellschaft Rudolf Müller GmbH, Köln 1991
Alle Rechte vorbehalten
Umschlaggestaltung: Hanswalter Herrbold, Leverkusen-Opladen
Druck- und Bindearbeiten: Druck- & Verlagshaus Wienand, Köln
Printed in Germany

INHALTSVERZEICHNIS

Vorwort
Übersicht   9

A   Allgemeines   11

Einheiten und Zeichen   11
Bezeichnungen   13
Koordinaten   14
Winkelfunktionen   15
Literatur   16

L   Lastannahmen   21

1 Lastaufstellung   21
    1.1 Schema   21
    1.2 Belastungsflächen   22

2 Eigengewichte   23
    2.1 Raumgewichte von Baustoffen   23
    2.2 Flächengewichte von Baustoffen   24
    2.3 Flächengewichte von Dachdeckungen   25

3 Verkehrslasten   26
    3.1 Gleichmäßig verteilte vertikale Verkehrslast   26
    3.2 Verminderung der Verkehrslast   27
    3.3 Horizontale Verkehrslasten   27

4 Schneelasten   28

5 Windlast   29

TS   Tragsysteme   31

1 Biegung   31
    1.1 Einfeldträger und Kragträger   31
    1.2 Gelenkträger und Koppelträger   33
    1.3 Durchlaufträger   34
    1.4 Rahmen   36
    1.5 Vereinfachte Momentenwerte bei Durchlaufträgern   38
    1.6 Durchbiegungsnachweis   39

2 Längskraft   40
    2.1 Stützen   40
    2.2 Seile   41
    2.3 Bögen   42

3	Längskraft und Biegung	43
4	Fachwerke	44
4.1	Cremona-Plan	44
4.2	Rittersches Schnittverfahren	45

H Holz   46

1	Materialwerte	46
1.1	Zulässige Spannungen	46
1.2	Elastizitätsmodul	46
1.3	Zulässige Durchbiegungen	46
2	Querschnittswerte	47
2.1	Statische Werte zusammengesetzter Querschnitte	47
2.2	Kanthölzer	48
2.3	Rundhölzer	48
2.4	Brettschichthölzer	49
3	Bemessung	50
3.1	Biegung	50
3.1.1	Ablauf der Bemessung	50
3.1.2	Formeln zur Biegebemessung	51
3.1.3	Anhaltswerte für Konstruktionshöhen von Holzträgern	54
3.2	Längskraft	56
3.2.1	Zulässige Spannungen	56
3.2.2	Knickberechnung für einteilige Holzstützen	56
3.2.3	Knickzahlen für Bauholz	57
3.2.4	Beispiele	57
3.2.5	Zulässige Lasten für einteilige Holzstützen	58
3.2.6	Zweiteilige Holzstützen	59
4	Konstruktion	60

St Stahl   66

1	Materialwerte	66
1.1	Zulässige Spannungen	66
1.2	Elastizitätsmodul	66
1.3	Zulässige Durchbiegungen	66
2	Querschnittswerte	67
2.1	Mittelbreite I-Träger IPE/IPE o- und IPE v-Reihe	67
2.2	Breite I-Träger Leichte Ausführung I PBl-Reihe	68

2.3	Breite I-Träger I PB-Reihe	68
2.4	Breite I-Träger Verstärkte Ausführung I PBv-Reihe	69
2.5	Rundkantiger U-Stahl	69
2.6	Rundkantiger gleichschenkliger L-Stahl	70
2.7	Rundkantiger ungleichschenkliger L-Stahl	71
2.8	Rundkantiger T-Stahl	72
2.9	Stahlrohre	73
2.10	Trapezbleche	74
2.11	Quadratrohre	75
2.12	Rechteckrohre	76
2.13	Wabenträger	77
2.14	Dachförmiger Träger	78

3 Bemessung — 79
  3.1 Biegung — 79
    3.1.1 Ablauf der Bemessung — 79
    3.1.2 Formeln zur Biegebemessung — 80
  3.2 Längskraft — 82
    3.2.1 Zulässige Spannungen — 82
    3.2.2 Knickberechnung für einteilige Stahlstützen — 82
    3.2.3 Knickzahlen — 83
    3.2.4 Beispiele — 84
    3.2.5 Zulässige Lasten für Stahlstützen — 85
  3.3 Längskraft und Biegung — 86

4 Konstruktion — 87

BM Beton Mauerwerk — 90

Unbewehrter Beton — 90

1 Zulässige Druckspannungen — 90
2 Knickberechnung — 90

Mauerwerk — 91

1 Materialwerte — 91
  1.1 Bezeichnung der Steinarten und Festigkeitsklassen — 91
  1.2 Zulässige Spannungen — 94

3 Bemessung — 93
  3.1 Ablauf der Bemessung einer Mauerwerks-Wand — 94a
  3.2 Abminderung k der Grundspannung wegen Knickgefahr — 94b

StB Stahlbeton 95

1 Materialwerte 95
  1.1 Beton 95
  1.2 Betonstahl 95

2 Querschnittswerte 96
  2.1 Rundstahl-Bewehrung 96
  2.2 Geschweißte Betonstahlmatten 97

3 Bemessung 100
  3.1 Biegung 100
    3.1.1 Bemessungstabelle für Biegung (k_h-Verfahren) 102
    3.1.2 Durchbiegungsbeschränkung 103
    3.1.3 Bemessung der Platten 104
    3.1.4 Bemessung zweiachsig gespannter Platten 1o7
    3.1.5 Bemessung der Balken 11o
    3.1.6 Bemessung der Plattenbalken 112
    3.1.7 Bemessung der Rippendecken 113
  3.2 Längskraft 116
    3.2.1 Vorschriften und Empfehlungen 116
    3.2.2 Knickberechnung der mittig belasteten Stahlbetonstütze 12o
    3.2.3 Ideelle Spannungs-Rechenwere σ_i und σ_{wi} 121
    3.2.4 Knickzahlen ω_N und ω_M und zugehörige Bewehrungsanordnung 122
    3.2.5 Bemessungsbeispiele für mittige Längsdruckkraft 123
    3.2.6 Überschlagswerte für Stahlbetonstützen 124
  3.3 Längskraft und Biegung 125
    3.3.1 Bemessungstabelle für Biegung und Längskraft (k_h-Verfahren) 125
    3.3.2 Knickberechnung der ausmittig belasteten Stahlbetonstütze 126
    3.3.3 Bemessungsbeispiele für Biegung und Längskraft 127

4 Konstruktion 128

G Gründungen 134

1 Baugrund 134
2 Spannungsnachweis 135
3 Konstruktive Hinweise 136

VORWORT

Vorwort

Ziel der Tragwerklehre ist das Entwerfen der Tragkonstruktion als Teil des Gesamtentwurfs. Ziel ist nicht die statische Berechnung. Die überschlägige Bemessung ist ein Schritt auf dem Wege des Entwerfens, nicht das Ziel selbst.

Aufgabe dieser Tabellensammlung ist es, in knapper Form die Werte und Verfahren zusammenzufassen, die Architekten in Studium und Praxis in diesem Sinne brauchen können. Sie ergänzt die Bücher "Grundlagen der Tragwerklehre 1" und "Grundlagen der Tragwerklehre 2". Vielleicht wird die Tabellensammlung aber auch Ingenieuren für Vorbemessungen nützlich sein.

Diese Tabellensammlung ist ein Arbeitsbuch, kein Lehrbuch. Grundkenntnisse werden vorausgesetzt. Zur Zusammenfassung dieser Kenntnisse und Auffrischung der Erinnerung dienen eine Übersicht, Skizzierung der Abläufe von Bemessungsverfahren und Zusammenstellungen von Formeln. Tragfähigkeitstabellen zum direkten Ablesen der erforderlichen Querschnitte sollen die Arbeit erleichtern, grobe Überschlagswerte erste Anhaltspunkte liefern. Material- und Profilwerte bilden das Grundgerüst.

Aus der Vielzahl der gebräuchlichen und in den DIN-Vorschriften vorgesehenen Verfahren wurden die ausgewählt, die im Sinne der Tragwerklehre notwendig und geeignet sind; darüberhinaus wurden solche beigefügt, die über den eigentlichen Stoff der Tragwerklehre hinausgehen, aber doch in einzelnen Fällen von Bedeutung sein können.

Im Sinne der Vereinfachung wurden Näherungsverfahren entwickelt. Die Verfahren wurden soweit wie möglich vereinheitlicht, um Ähnlichkeiten und Gemeinsamkeiten offenzulegen. An der Übersicht über die Bemessungsverfahren (S. 10) sind solche Gemeinsamkeiten abzulesen.

Einfachheit und Einheitlichkeit hatten Vorrang vor wissenschaftlicher Exaktheit.

Viele der Tabellen haben ihren Ursprung in den "Merkblättern", die am Lehrstuhl von Curt Siegel an der TH-Stuttgart für Architektur-Studenten entwickelt wurden. Diese Merkblätter wurden seit 1972 an der TH-Aachen übernommen, z.T. überarbeitet, erweitert und dem Stand von technischen Entwicklungen und/oder der DIN-Vorschrift angepaßt. Das Verfahren zur Bemessung von Stahlbetonstützen ist der Habilitationsschrift von Wilfried Führer entnommen.

Die Verfasser danken Frau Dipl.-Ing. Susanne Ingendaaij und mehreren Studenten für die fachkundige und engagierte Hilfe bei der endgültigen Ausarbeitung.

Vorwort zur 4. Auflage

Entscheidende Veränderungen fast aller DIN-Vorschriften des Bauwesens machten eine gründliche Überarbeitung der Tabellen zur Tragwerklehre erforderlich.

Dabei haben vor allem Frau Dipl.-Ing. Christine Heyden, Frau Ulla Böcker und mehrere Studenten mitgeholfen, wofür sich die Verfasser besonders bedanken.

Aachen, im September 1989

Franz Krauss, Wilfried Führer

ÜBERSICHT

Übersicht über die Kapitel H ... G

	H HOLZ	**St** STAHL	**BM** UNBEW. BETON MAUERWERK	**StB** STAHLBETON	**G** GRÜNDUNG
1. MATERIALWERTE	zul σ zul τ E-Modul zul f	zul σ zul τ E-Modul zul f	zul σ Stein- und Mörtel- gruppen	Beton B... B_R, τ, E Stahlsorten BSt ...	zul σ Boden
2. QUERSCHNITTSWERTE	allgemein □○ A; W; I; i Brettschichtholz ▦ u.a.	Profiltabellen I I L ○ □ ▦		ø A_s Betonstahlmatten	
3. BEMESSUNG 3.1 Biegung Durchbiegung Schub	$\text{erf } W = \dfrac{M}{\text{zul } \sigma}$ $\text{erf } I = ...$ $\text{vorh } \tau = \dfrac{Q}{b \cdot z}$	$\text{erf } W = \dfrac{M}{\text{zul } \sigma}$ $\text{erf } I = ...$ $\text{vorh } \tau = \dfrac{Q}{b \cdot z}$		$k_h = h/\sqrt{M/b};\ k_s;\ k_z$ $h \geq \dfrac{l_i}{35}$ bzw. $h \geq \dfrac{l_i^2}{150} \to$ Maßn. $\text{vorh } \tau = \dfrac{Q}{b \cdot z}$	
3.2 Längskraft Knicknach- weis	$\text{vorh } \sigma = \dfrac{N}{A}$ $\text{vorh } \sigma = \omega \cdot \dfrac{N}{A};\ \lambda \overset{3}{\to}$	$\text{vorh } \sigma = \dfrac{N}{A}$ $\text{vorh } \sigma = \omega \cdot \dfrac{N}{A}$	$\text{vorh } \sigma = \dfrac{N}{A}$ $\text{vorh } \sigma = \omega^* \cdot \dfrac{N}{A}$	$\text{vorh } \sigma = \dfrac{N}{A_b} \leq \text{gew } \sigma$ $\text{vorh } \sigma = \omega \dfrac{N}{A_b} \leq \text{gew } \sigma$	$\text{erf } A = \dfrac{N}{\text{zul } \sigma}$
3.3 Längskraft + Biegung mit Knickgefahr	$\text{vorh } \sigma = \dfrac{N}{A} \pm \dfrac{M}{W}$ $\text{vorh } \sigma = \omega \cdot \dfrac{N}{A} \pm \dfrac{M}{W}$	$\text{vorh } \sigma = \dfrac{N}{A} \pm \dfrac{M}{W}$ $\text{vorh } \sigma = \omega \cdot \dfrac{N}{A} \pm \dfrac{M}{W}$	$\text{vorh } \sigma = \dfrac{N}{A} \pm \dfrac{M}{W}$ (nicht klaffende Fuge) $\max \sigma = \dfrac{2 N}{3c \cdot b}$ (klaffende Fuge)	$\text{vorh } \sigma = \dfrac{N}{A} \leq \text{gew } \sigma$ oder $M_K = \omega \cdot M;\ k_h;\ k_s$	$\max \sigma = \dfrac{2 N}{3 \cdot c \cdot b}$ (klaffende Fuge)
4. KONSTRUKTION	Verbindungsmittel Details, Anschlüsse	Verbindungsmittel Details	Wandabstände	Bewehrungspläne Rippendecken	Fundamente Einzel-, Streifen-, Platten-.

ALLGEMEINES SI-EINHEITEN A 1

Einheiten und Zeichen

SI-Einheiten nach DIN 1301
(Basis-Einheiten und die daraus mit dem Faktor 1 abgeleiteten Einheiten)

1. Basiseinheiten

Größe	Einheit	
	Name	Zeichen
Länge	das Meter	m
Masse	das Kilogramm	kg
Zeit	die Sekunde	s
elektrische Stromstärke	das Ampere	A
thermodynamische Temperatur	das Kelvin*)	K
Stoffmenge	das Mol	mol
Lichtstärke	die Candela	cd

*) Für Angaben in Celsius: $0°\,C = 273,15\,K$

2. Abgeleitete Einheiten

Größe	Einheit		Beziehung
	Name	Zeichen	
ebener Winkel	der Radiant	rad	$1\,rad = 1\,m/1\,m$
Raumwinkel	der Steradiant	sr	$1\,sr = 1\,m^2/1\,m^2$
Kraft	das Newton	N	$1\,N = kg \cdot m/s^2$
Druck, mechanische Spannung	das Pascal*)	Pa	$1\,P = 1\,N/m^2$
Energie, Arbeit, Wärmemenge	das Joule	J	$1\,J = 1\,N \cdot m = 1\,W \cdot s$
Leistung, Wärmestrom	das Watt	W	$1\,W = 1\,J/s$
Lichtstrom	das Lumen	lm	$1\,lm = 1\,cd \cdot sr$
Beleuchtungsstärke	das Lux	lx	$1\,lx = 1\,lm/m^2$

*) Im Bauwesen wird die Spannung in N/mm^2 oder - für die Praxis geeigneter - in kN/cm^2 angegeben; die Angabe in Pascal ist nicht gebräuchlich.

3. SI-Vorsätze (Auszüge)

Faktor	Vorsatz	
	Name	Zeichen
10^{-6}	Mikro	µ
10^{-3}	Milli	m
10^{-2}	Zenti	c
10^{-1}	Dezi	d

Faktor	Vorsatz	
	Name	Zeichen
10	Deka	da
10^2	Hekto	h
10^3	Kilo	k
10^6	Mega	M

A 1 SI-EINHEITEN — ALLGEMEINES

4. Mathematische Zeichen nach DIN 1302 (Auszug)

=	gleich	....	und so weiter bis	Σ	Summe
$\neq$	ungleich	<	kleiner als	$\sqrt[n]{}$	n-te Wurzel aus
$\sim$	ähnlich	>	größer als	$\log_a$	Logarithmus zur Basis a
$\approx$	etwa	$\leq$	kleiner oder gleich	lg	= $\log_{10}$
$\hat{=}$	entspricht	$\geq$	größer oder gleich	ln	= $\log_e$
$\cong$	kongruent	+	plus	f(x)	Funktion von x
$\parallel$	parallel	−	minus	d	Differentialzeichen
$\nparallel$	nicht parallel	·	mal	$\int$	Integral
$\perp$	rechtwinklig zu	—:/	geteilt durch (: und / nur zur Platzersparnis)		

5. Umrechnungstafel für Einzellasten

	kp	Mp	N	kN	MN
1 kp =	1	10^{-3}	10	10^{-2}	10^{-5}
1 Mp =	10^3	1	10^4	10	10^{-2}
1 N =	10^{-1}	10^{-4}	1	10^{-3}	10^{-6}
1 kN =	10^2	10^{-1}	10^3	1	10^{-3}
1 MN =	10^5	10^2	10^6	10^3	1

z. B.: 1 kN = 10^2 kp = 100 kp

6. Umrechnungstafel für Flächenlasten und Spannungen

	Lasten			Spannungen		
	kp/m²	Mp/m²	kN/m²	kp/cm²	N/mm² = MN/m²	kN/cm²
1 kp/m² =	1	10^{-3}	10^{-2}			
1 Mp/m² =	10^3	1	10			
1 kN/m² =	10^2	10^{-1}	1			
1 kp/cm² =				1	10^{-1}	10^{-2}
1 N/mm² = 1 MN/m² =				10	1	10^{-1}
1 kN/cm² =				10^2	10	1

z. B.: 1400 kp/cm² = 1400 · 10^{-2} kN/cm² = 14 kN/cm²

ALLGEMEINES — BEZEICHNUNGEN — A 2

Bezeichnungen

A		Querschnittsfläche (bisher F)
A_s		Querschnittsfläche des Stahles (bisher F_e)
A_b		Querschnittsfläche des Betons (bisher F_b)
B		Betonfestigkeitsklasse z.B. B 35
BSt		Betonstahlfestigkeitsklasse z.B. BSt 420/500
d		Dicke eines Querschnitts, auch d_o bei Plattenbalken
d_k		Durchmesser des umschnürten Querschnitts
E		Elastizitätsmodul
e		Exzentrizität, Ausmittigkeit
f		Durchbiegung, zusätzliche Ausmittigkeit
g	G	ständige Last, Eigengewicht
h		statische Nutzhöhe eines Querschnitts
h'		Abstand der Druckbewehrung vom Druckrand
I		Trägheitsmoment = Flächenmoment 2. Grades
i		Trägheitsradius $\sqrt{\frac{I}{A}}$
k		Beiwerte der Stahlbetonbemessung
l		Stützweite
l_i		ideelle Stützweite = Entfernung der Momentennullpunkte
M		Biegemoment
N		Normalkraft = Längskraft
p	P	Verkehrslast
Q		Querkraft
q		quer, Gesamtlast aus Verkehrslast + ständiger Last
s		Index für Stahl (bisher e)
s		Systemlänge, auch Abstand zwischen zwei Bauteilen
S		statisches Moment
s_k		Knicklänge
W		Widerstandsmoment
w		Wendel
x y z		Koordinaten
z		Hebelarm der inneren Kräfte
x		Abstand der Null-Linie vom gedrückten Rand bei StB
α		fester Winkel
β		Quotient $\frac{s_k}{s}$
β_R		Rechenwert der Betonfestigkeit (auch cal β)
β_s		Streckgrenze des Bewehrungsstahls
γ		Sicherheitszahl
ε		Dehnung = $\frac{\Delta l}{l} = \frac{\sigma}{E}$ (ε_b; ε_s)
λ		Schlankheit $\frac{s_k}{i}$
SL		Scher-/Lochleibungsverbindung mit Lochspiel
SLP		Scher-/Lochleibungsverbindung ohne Lochspiel (Paßschrauben)
GV		gleitfeste, vorgespannte Verbindung
GVP		gleitfeste, vorgespannte Verbindung mit Paßschrauben

A 3 KOORDINATEN — ALLGEMEINES

μ	Geometrischer Bewehrungsgrad
σ_F	Fließgrenze
σ_K	Knickspannung (allg.)
σ_i	ideelle Spannung
σ_D	Druckspannung
σ_N	Normalspannung
σ_M	Biegespannung
τ	Schubspannung
ω	Knickbeiwert (allg.)
ω_N	Knickbeiwert zur Abminderung der aufnehmbaren Normalkraft
ω_M	Knickbeiwert zur Abminderung des aufnehmbaren Momentes

Nebenzeichen

cal	rechnerisch (calculated)
crit	Kritisch, auch kr
erf	erforderlich
max	maximal (Größt-)
min	minimal (Kleinst-)
tot	gesamt (total)
vorh	vorhanden
zul	zulässig
bü	Bügel
'	Apostroph = Bezeichnung für Druckseite

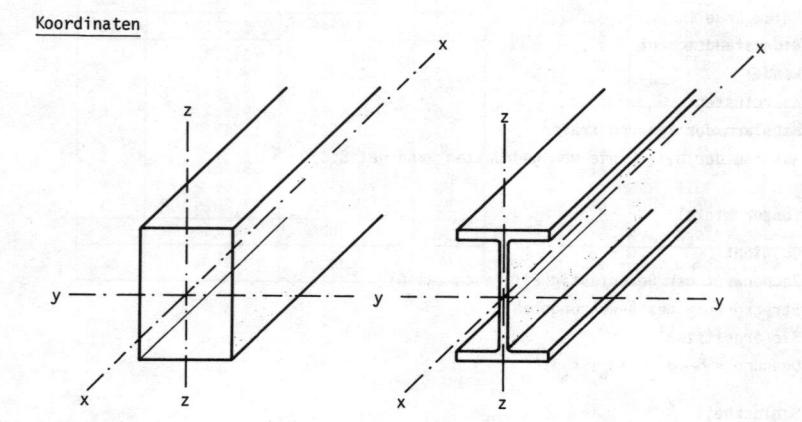

Koordinaten

ALLGEMEINES — WINKELFUNKTIONEN — A 4

Winkelfunktionen

α°	sin α	tan α		α°	sin α	tan α	
0	0,0000	0,0000	90	45	0,7071	1,0000	45
1	0,0174	0,0174	89	46	0,7193	1,0355	44
2	0,0349	0,0349	88	47	0,7313	1,0723	43
3	0,0523	0,0524	87	48	0,7431	1,1106	42
4	0,0697	0,0699	86	49	0,7547	1,1503	41
5	0,0871	0,0874	85	50	0,6760	1,1917	40
6	0,1045	0,1051	84	51	0,7771	1,2349	39
7	0,1218	0,1227	83	52	0,7880	1,2799	38
8	0,1391	0,1405	82	53	0,7986	1,3270	37
9	0,1546	0,1583	81	54	0,8090	1,3763	36
10	0,1736	0,1763	80	55	0,8191	1,4281	35
11	0,1908	0,1943	79	56	0,8290	1,4825	34
12	0,2079	0,2125	78	57	0,8386	1,5398	33
13	0,2249	0,2308	77	58	0,8480	1,6003	32
14	0,2419	0,2493	76	59	0,8571	1,6642	31
15	0,2588	0,2679	75	60	0,8660	1,7320	30
16	0,2756	0,2867	74	61	0,8746	1,8040	29
17	0,2923	0,3057	73	62	0,8829	1,8807	28
18	0,3090	0,3249	72	63	0,8910	1,9626	27
19	0,3255	0,3443	71	64	0,8987	2,0503	26
20	0,3420	0,3639	70	65	0,9063	2,1445	25
21	0,3583	0,3838	69	66	0,9135	2,2460	24
22	0,3746	0,4040	68	67	0,9205	2,3558	23
23	0,3907	0,4244	67	68	0,9271	2,4750	22
24	0,4067	0,4452	66	69	0,9335	2,6050	21
25	0,4226	0,4663	65	70	0,9396	2,7474	20
26	0,3483	0,4877	64	71	0,9455	2,9042	19
27	0,4539	0,5095	63	72	0,9510	3,0776	18
28	0,4694	0,5317	62	73	0,9563	3,2708	17
29	0,4848	0,5543	61	74	0,9612	3,4874	16
30	0,5000	0,5773	60	75	0,9659	3,7320	15
31	0,5150	0,6008	59	76	0,9703	4,0107	14
32	0,5299	0,6248	58	77	0,9743	4,3314	13
33	0,5446	0,6494	57	78	0,9781	4,7046	12
34	0,5591	0,6745	56	79	0,9816	5,1445	11
35	0,5735	0,7002	55	80	0,9848	5,6712	10
36	0,5877	0,7265	54	81	0,9867	6,3137	9
37	0,6018	0,7535	53	82	0,9902	7,1153	8
38	0,6156	0,7812	52	83	0,9925	8,1443	7
39	0,6293	0,8097	51	84	0,9945	9,5143	6
40	0,6424	0,8391	50	85	0,9961	11,4300	5
41	0,6560	0,8692	49	86	0,9975	14,3006	4
42	0,6691	0,9004	48	87	0,9986	19,0811	3
43	0,6820	0,9325	47	88	0,9993	28,6362	2
44	0,6946	0,9656	46	89	0,9998	57,2899	1
45	0,7071	1,0000	45	90	1,0000	∞	0
	cos α	cot α	α°		cos α	cot α	α°

Umrechnung von Winkelmaßen

∢ in Bogenmaß (rad) $\alpha \text{ rad} = \alpha° \cdot \frac{2\pi}{360°} = \alpha \text{ gon} \cdot \frac{2\pi}{400}$

∢ in Grad ° (360°) $\alpha° = \alpha \text{ gon} \cdot 0{,}9$

∢ in gon (400 gon) $\alpha \text{ gon} = \alpha° \cdot \frac{1}{0{,}9}$

Literatur zur Tragwerklehre

Allgemein

Angerer, F.	Bauen mit tragenden Flächen, Callwey-Verlag
Borrego, J.	Space grid structures, MIT Press Massachusetts
Brennecke/Folkerts/Haferland/Hart	Dachatlas, Institut für internationale Architektur-Dokumentation
Domke, H.	Grundlagen konstruktiver Gestaltung, Bauverlag
Engel, H.	Tragsysteme, Deutsche Verlagsanstalt
Faber, C.	Candela und seine Schalen, Callwey-Verlag
Joedicke, J.	Schalenbau, Krämer Verlag
Koncz, T.	Handbuch der Fertigteilbauweise, Bd. 1 - 3, Bauverlag
Otto, Frei	Zugbeanspruchte Konstruktionen, Bd. 1 + 2, Ullstein-Verlag
Polonyi, St.	Schalen in Beton und Kunststoff, Bauverlag
Rühle, H.	Räumliche Dachtragwerke, Bd. 1 + 2, Verlagsges. Rudolf Müller
Salvadori/Heller	Tragwerk und Architektur/Structure in Architecture
Siegel, C.	Strukturformen der mordernen Architektur, Callwey-Verlag
Torroja, E.	Logik der Form, Callwey-Verlag
IL-Publikationen	Institut für leichte Flächentragwerke, Stuttgart
Polonyi/Dicleli	Kosten der Tragkonstruktionen von Skelettbauten, Verlagsges. Rudolf Müller
Wormuth, R.	Grundlagen der Hochbaukonstruktion, Werner-Verlag
Minke, G.	Zur Effizienz von Tragwerken, Krämer-Verlag
Mann, W.	Entwerfen tragender Konstruktionen, DBZ 10/75
Herzog, T.	Pneumatische Konstruktionen, Hatje-Verlag
Büttner/Hampe	Bauwerk, Tragwerk, Tragkonstruktion, Hatje-Verlag
Bubner, E.	Minimalkonstruktionen, Verlagsges. Rudolf Müller
Rickenstorf, G.	Tragwerke für Hochbauten, Teubner Verlagsgesellschaft

ALLGEMEINES — LITERATUR — A 5

Zur Statik (Kapitel TS)

Schreyer/Wagner	Praktische Baustatik, B. G. Teubner Verlagsgesellschaft
Werner, E.	Tragwerklehre, Baustatik für Architekten, Teil 1 + 2, Werner-Verlag
Rybicki, R.	Faustformeln und Faustwerte, Werner-Verlag
Zellerer, E.	Durchlaufträger - Schnittgrößen, Verlag Wilhelm Ernst und Sohn
Kleinlogel	Rahmenformeln, Wilhelm Ernst und Sohn

Zum Stahlbau (Kapitel St)

Hart/Henn/Sontag	Stahlbauatlas
Stahl im Hochbau	VDEh
Merkblätter	der Beratungsstelle für Stahlverwendung
Mengeringhausen, M.	Raumfachwerke (Mero)
Stahlbau-Taschenkalender	darin Vorschriften, Normen und Profile

Zum Holzbau (Kapitel H)

Götz/Hoor/Möhler/Natterer	Holzbauatlas, Institut für internationale Architektur-Dokumentation
Hempel, G.	Holzkonstruktionen unserer Zeit, Bruderverlag
Halasz, R.v.	Holzbautaschenbuch, Verlag Wilhelm Ernst und Sohn
Krauss, F.	Hyperbolisch paraboloide Schalen aus Holz, Krämer Verlag
Hempel, G.	100 Knotenpunkte, Bruderverlag
Wille, F.	Statik der Holztragwerke, Verlagsges. Rudolf Müller
Informationsdienst Holz	der Arbeitsgemeinschaft Holz e. V.

Zum Mauerwerksbau (Kapitel BM)

Mauerwerkskalender	Verlag Wilhelm Ernst und Sohn
Reichert, H.	Konstruktiver Mauerwerksbau, Verlagsges. Rudolf Müller
Planungsunterlagen, Dokumentationen	z. B. der Kalksandsteinindustrie, der Ziegelindustrie

A 5   LITERATUR   ALLGEMEINES

Zum Stahlbetonbau (Kapitel StB)

Betonkalender	Verlag Wilhelm Ernst und Sohn
Wommelsdorf, O.	Stahlbetonbau, Bemessung und Konstruktion, Teil 1 + 2, Werner Verlag
Klindt, L.	Berechnungsbeispiele für den Stahlbetonbau, Verlagsges. Rudolf Müller
Führer, W.	Überschlägliche Dimensionierung für das Entwerfen von Druckgliedern, Werner Verlag
Informationsmaterial	z.B. der Baustahlgewebe-GmbH u.a.
Hake, Paul	Vorlesungsskripte "Stahlbeton für Architekten". Lehrstuhl für Hochbaustatik RWTH Aachen, WS 1970/71
Pieper/Martens	Durchlaufende vierseitig gestützte Platten im Hochbau, Beton- und Stahlbetonbau 6/1966 u. 6/1967

Vorschriften

Gottsch/Hasenjäger	Technische Baubestimmungen, Verlagsges. Rudolf Müller

In Sammelbänden werden alle wichtigen Technischen Baubestimmungen veröffentlicht und fortlaufend auf den neuesten Stand gebracht.
Die folgende Aufstellung nennt die gebräuchlichsten Normen:

Bezeichnung	Gegenstand	Ausgabedatum
DIN 1055	LASTANNAHMEN FÜR BAUTEN	
	Teil 1 - Lagerstoffe, Baustoffe und Bauteile	7. 1978
	Teil 2 - Bodenwerte, Berechnungsgewicht, Winkel der inneren Reibung, Kohäsion	2. 1976
	Teil 3 - Verkehrslasten	6. 1971
	Teil 4 - Windlast Ergänzende Bestimmungen zu DIN 1055, Teil 4	8. 1986
	Teil 5 - Schneebelastung Ergänzende Bestimmungen zu DIN 1055, Teil 5	6. 1975
DIN 1052	HOLZBAUWERKE	
	Teil 1 - Berechnung und Ausführung	4. 1988
	Teil 2 - Bestimmungen für Dübelverbindungen besonderer Bauart	4. 1988
	Teil 3 - Holztafelbauweise	4. 1988
DIN 18 800	STAHLBAU in Verbindung mit DIN 18 801	3. 1981
DIN 4114	STAHLBAU - Stabilitätsfälle	
	Teil 1 - Vorschriften	(7.52) 2. 1972
	Teil 2 - Richtlinien	(2.53) 5. 1973
DIN 1053	MAUERWERK	
	Teil 1 - Berechnung und Ausführung	2. 1990
	Teil 2 - Ingenieurmauerwerk	7. 1984
	Teil 4 - Bauten aus Ziegelfertigteilen	9. 1978

ALLGEMEINES LITERATUR A 5

DIN 106	KALKSANDSTEINE	Teil 1	KSV	Entwurf	9. 1989
			KSL	u.	11. 1980
DIN 105	MAUERZIEGEL				
	Teile 1 u. 2		Mz	Teil 1	8. 1989
			LLz	Teil 2	8. 1989
	Teil 3 - hochfeste Ziegel		KMz		
	und Klinker		KHLz		5. 1984
DIN 18 149	LOCHSTEINE AUS LEICHTBETON		LLB		3. 1975
DIN 4165	GASBETON-BLOCKSTEINE		G		12. 1986
DIN 4223	GASBETON		GB	Entwurf	8. 1978
DIN 18 152	VOLLSTEINE AUS LEICHTBETON		V		4. 1987
DIN 18 151	HOHLBLOCKSTEINE		Hbl		9. 1987
	aus Leichtbeton				
DIN 18 153	HOHLBLOCKSTEINE aus Beton		HD		9. 1989
	mit geschl. Gefüge				
DIN 1164	ZEMENT (Teile 1 - 8)				11. 1978
DIN 1045	BETON- UND STAHLBETONBAU				7. 1988
	Bemessung und Ausführung				
DIN 4219	LEICHTBETON UND STAHLLEICHTBETON				12. 1979
	Teile 1 u. 2				
DIN 4227	SPANNBETON			Teil 1	7. 1988
	Teile 1 - 6			Teil 2	5. 1984
				Teil 3	12. 1983
				Teil 4	2. 1986
				Teil 5	12. 1979
				Teil 6	5. 1982
DIN 488	BETONSTAHL (Teil 1)				9. 1984
DIN 1054	BAUGRUND				
	- zul. Belastung				11. 1976
	- Beiblatt: Erläuterungen				11. 1976
DIN 4018	FLÄCHENGRÜNDUNGEN				9. 1974
	- Beiblatt 1 - Baugrund; Berechnung der Sohldruckverteilung unter Flächengründungen und Berechnungsbeispiele				5. 1981
DIN 4123	GRÜNDUNGEN UND UNTERFANGUNGEN				5. 1972
DIN 4102	BRANDVERHALTEN von				
	Baustoffen und Bauteilen				5. 1981
	Ergänzende Bestimmungen zu DIN 4102				
	Teile 1 + 2 - Begriffe, Anforderungen und Prüfung von Bauteilen				9. 1977
	Teil 3 - Brandwände und nichttragende Außenwände; Begriffe, Anforderungen und Prüfungen				9. 1977
	Teil 4 - Zusammenstellung und Anwendung klassifizierter Baustoffe, Bauteile und Sonderbauteile				3. 1981

A 5   LITERATUR   ALLGEMEINES

DIN 4108	WÄRMESCHUTZ IM HOCHBAU	
	Teil 1 - Größen und Einheiten	8.1981
	Teil 2 - Wärmedämmung und Wärmespeicherung	8.1981
	Teil 3 - Wärmeschutz im Hochbau; Klimabedingter Feuchteschutz	8.1981
	Teil 4 - Wärme- und feuchteschutztechnische Kennwerte	12.1985
	Teil 5 - Berechnungsverfahren	8.1981
DIN 4109	SCHALLSCHUTZ IM HOCHBAU	11.1989
DIN 18 560	Teil 2 - Schwimmende Estriche auf Massivdecken Entwurf	1.1989
DIN 18 550	PUTZE	
	Teil 1 - Begriffe und Anforderungen	1.1985
	Teil 2 - Putze aus Mörteln mit mineralischen Bindemitteln	1.1985
DIN 4103	LEICHTE TRENNWÄNDE	7.1984
DIN 18 540	FUGEN	
	Abdichten von Außenwandfugen im Hochbau mit Fugendichtungsmassen	
	Teil 1 - Konstruktive Ausbildung der Fugen	1.1980
	Teil 2 - Fugendichtungsmassen, Anforderungen und Prüfungen	1.1980
	Teil 3 - Baustoffe, Verarbeiten von Fugendichtungsmassen	1.1980
DIN 18 530	DÄCHER, massive Deckenkonstruktionen für Dächer	3.1987
DIN 18 195	BAUWERKSABDICHTUNGEN	8.1983
	Teil 4 - Abdichtung gegen Bodenfeuchtigkeit	
DIN 18 160	HAUSSCHORNSTEINE	
	Teil 1 - Anforderungen, Planung und Ausführung Entwurf	3.1989
DIN 1057	MAUERSTEINE	
	für frei stehende Schornsteine	7.1985
DIN 1056	frei stehende Schornsteine in Massivbauart - Berechnung und Ausführung	10.1984

LASTANNAHMEN   LASTAUFSTELLUNG   L 1

1.1 LASTAUFSTELLUNGSSCHEMA

	kN/m^2	kN/m	kN
▶ 1 DECKEN			
1.1 Deckeneigengewichte			
1.11 Fußboden- bzw. Dachbelag	.....		
1.12 Deckenkonstruktion	.....		
1.13 Unterdecken, Putz etc.	.....		
Summe 1.1 Eigengewicht	$\bar{g}$		
1.2 Verkehrslasten (Nutzlast)			
1.21 Geschoßdecken:			
1.211 Verkehrslasten (Nutzlast)	.....		
1.212 Zuschlag leichte Trennwände	.....		
1.22 Dachdecken:			
1.221 Schneelasten (s)	.....		
1.222 Windlasten (w)	.....		
Summe 1.2: Verkehrslast (Nutzlast)	$\bar{p}$		
Summe der lotrechten Lasten pro m² Decke: $\bar{p}+\bar{g} = \bar{q}$			
▶ 2 TRÄGER			
2.1 Eigengewichte			
2.11 aus Deckeneigengewicht 1.1: g · Einzugsfeld		......	
2.12 Trägereigengewicht (+Brüstung, Fenster etc.)		......	
Summe 2.1 Eigengewicht		g	
2.2 Verkehrslasten (Nutzlast)			
2.211 Verkehrslasten · Einzugsfeld		......	
2.212 Trennwandzuschlag · Einzugsfeld		......	
2.221 Schneelasten · Einzugsfeld		......	
2.222 Windlasten · Einzugsfeld		......	
Summe 2.2: Verkehrslasten (Nutzlast)		p	
Summe der lotrechten Lasten pro lfm Träger g+p= q			
▶ 3 STÜTZEN			
3.1 Eigengewichte			
3.11 aus Trägereigengewicht pro lfm 2.1: g · Einzugsfeld			......
3.12 Stützeneigengewicht			......
Summe 3.1: Eigengewicht			G
3.2 Verkehrslasten (Nutzlast)			
Verkehrslast pro lfm Träger 2.2: p · Einzugsfeld = P			
Summe der lotrechten Lasten pro Stütze und Geschoß G + P			

21

LASTANNAHMEN

L 1 LASTAUFSTELLUNG

1.2 BELASTUNGSFLÄCHEN

Lasteinzugsfelder für Balken und Stützen:

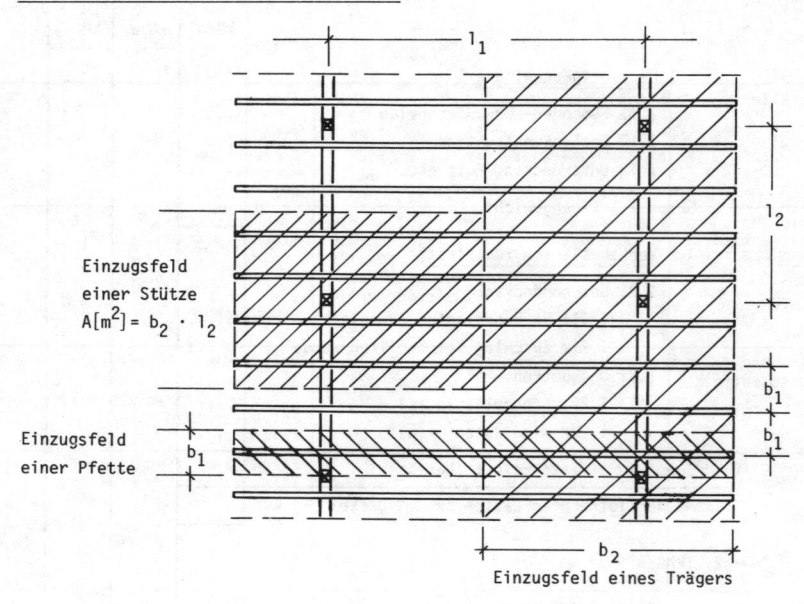

Einzugsfeld einer Stütze
$A[m^2] = b_2 \cdot l_2$

Einzugsfeld einer Pfette

Einzugsfeld eines Trägers

Belastungsflächen der Unterzüge bei zweiachsig gespannten Platten:

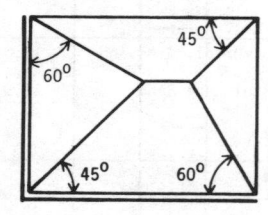

Stoßen zwei gleichartige Ränder (frei aufliegend oder eingespannt) zusammen, so erfolgt die Trennung unter 45°. Bei ungleichartigen Rändern gehört zum eingespannten Rand ein 60° Feld, zum frei aufliegenden Rand ein 30° Feld.
Dadurch ergeben sich trapez- und dreiecksförmige Belastungsflächen für die Unterzüge.
Für die Stützen gelten wieder rechteckige Belastungsflächen.

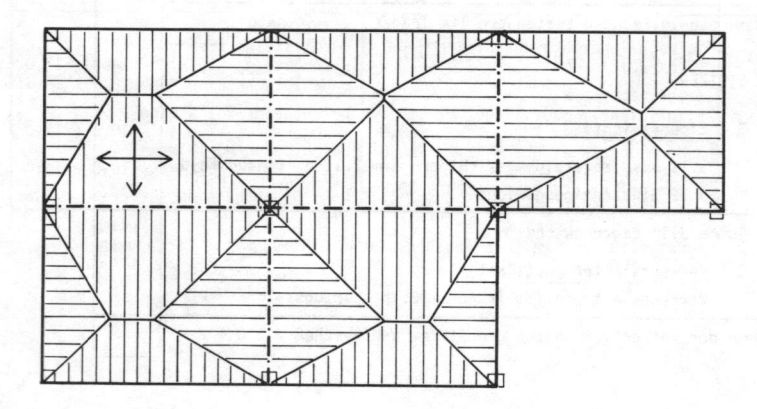

LASTANNAHMEN — EIGENGEWICHTE — L 2

2.1 RAUMGEWICHTE VON BAUSTOFFEN in kN/m^3
(angegeben sind Rechenwerte, die oft unterschritten werden)

Gruppe	Baustoff	Wert	Baustoff	Wert
Metalle	Stahl	78,5	Zink, gegossen	69,0
	Gußeisen	72,5	gewalzt	72,0
	Aluminium	27,0	Zinn, gewalzt	74,0
	Aluminiumlegierungen	28,0	Bronze	85,0
	Blei	114,0	Messing	85,0
	Kupfer	89,0	Nickel	89,0
Holz und Holzwerkstoffe	Nadelholz, allgemein	(4,0) - 6,0	Spanplatten	(5,0) - 7,5
	Laubholz	(6,0) - 8,0	Tischlerplatten	(4,5) - 6,5
	Hölzer aus Übersee jeweils besonderer Nachweis erforderlich			
	Brettschichtholz im Holzleimbau	(4,0) - 5,0	Dämmplatten	(2,5) - 4,0
Glas und Kunststoffe	Glas in Tafeln	25,0	Polyäthylen, Polystyrol als Granulat	6,5
	Drahtglas	26,0	Polyvinylchlorid als Pulver	6,0
	Acrylglas	12,0	Polyesterharze	12,0
			Leimharze	13,0
Rohstoffe	Kies und Sand		Ziegelsand, Ziegelsplitt Ziegelschotter	15,0
	- trocken oder erdfeucht	18,0		
	- nass	20,0		
	Kalk (Luftkalke und hydraulische Kalke)	13,0	Hochofenschlacke (granuliert)	11,0
	Zement, gemahlen	16,0	Hüttenbims, erdfeucht	9,0
	Gips, gemahlen	15,0		
Beton	Normalbeton bis B 10	23,0	Leichtbeton je nach Rohdichte	10,5 - 18,5
	ab B 15	24,0	Stahlleichtbeton je nach Rohdichte	11,5 - 19,5
	Stahlbeton aus Normalbeton ab B 15	25,0	Gasbeton, bewehrt je nach Rohdichte	6,2 - 8,4
	Die Rechenwerte sind bei Frischbeton im allgemeinen um 1 kN/m^3 zu erhöhen.			
Mörtel	Kalkmörtel (Mauer- und Putzmörtel)	18,0	Kalkgipsmörtel, Gipsandmörtel	18,0
	Kalkzementmörtel	20,0	Gipsmörtel ohne Sand	12,0
	Zementmörtel	21,0	Lehmmörtel	20,0
	Mörtel mit Putz- und Mauerbinder	21,0		
Mauerwerk aus natürlichen Steinen	Basalt	30,0	Sandstein	27,0
	Granit, Porphyr	28,0	Travertin	26,0
	Kalkstein (Dolomit, Muschelkalk, Marmor)	28,0	Gneis	30,0
			Schiefer	28,0
Mauerwerk aus künstlichen Steinen (einschließlich Fugenmörtelanteil)	allgemein: je nach Rohdichte der Steine (0,5 - 2,2 g/cm^3)	7,0 - 22,0	Kalksandstein	
	Ziegelmauerwerk		- Vollsteine KSV	17,0 - 20,0
	- Vollziegel, Mauerziegel Mz	18,0	- Lochsteine KSL	14,0 - 17,0
	- Hochbauklinker KMz	20,0	- Hohlblocksteine KSHbl	12,0 - 14,0
	- Hochlochziegel HLz	12,0 - 15,0	Leichtbeton-Vollsteine V	10,0 - 17,0
	- Hochlochklinker KHLz	18,0	Leichtbeton-Hohlblocksteine Hbl	10,0 - 14,0
	- porige Leichtziegel	8,0 - 10,0	Hohl-Glasbausteine	12,5

Raumgewicht von Lagerstoffen und weitere Angaben: Siehe DIN 1055 T 1: Lastannahmen für Bauten

LASTANNAHMEN

L 2 EIGENGEWICHTE

2.2 FLÄCHENGEWICHTE VON BAUSTOFFEN in kN/m^2 je cm Dicke

Geschoss- und Dachdecken	Stahlbetonplatten, bewehrt	0,25 je cm Dicke	Gas- und Leichtbetonplatten je nach Rohdichte	0,062 je cm Dicke	
Wandbauplatten	Leichtbeton-Bauplatten je nach Plattenrohdichte	0,08 - 0,15	"	Gips-Wandbauplatten	0,07 - 0,09	"
	Gasbeton-Bauplatten unbewehrt	0,06 - 0,08	"	Gipskartonplatten	0,11	"
	bewehrt	0,062- 0,084	"			
Putze	Kalkzementmörtel	0,20	"	Gipsputz	0,12	"
	Drahtputz	0,17 - 0,27	"	Luftporenputz	0,12	"
Fußboden- u. Wandbeläge	Natursteinplatten	0,30	"	Keramische Fliesen	0,19 - 0,22	"
	Betonwerksteinplatten (Terrazzo)	0,24	"	Kunststoff-Fußböden	0,15	"
	Asphaltbeläge	0,18 - 0,24	"	Linoleum	0,13	"
	Estriche	0,20 - 0,24	"	Gummi	0,15	"
	Zementestrich	0,22	"	Teppichböden	0,03	"
	Glasplattenfliesen	0,25	"			
Sperr-, Dämm- u. Füllstoffe	Asbestfaser	0,06	"	Holzfaserplatten, weich	0,04	"
	Asbestpappe	0,12	"	hart	0,08 - 0,10	"
	Asphaltplatten	0,22	"	Holzwolleleichtbauplatten	0,004	"
	Bimskies	0,07	"			
	Korkschrot	0,02	"	Schaumkunststoffe	0,005	"
	Korkschrotplatten bituminiert	0,02	"	Bitumendachpappe	0,03	je Lage
	Glas-, Schlacken-, Steinfaser	0,01	"	Teerdachpappe, beidseitig besandet	0,03	"
	Faserstoffe, bituminiert	0,02		bituminöse Schweißbahnen	0,07	"

LASTANNAHMEN — EIGENGEWICHTE — L 2

2.3 FLÄCHENGEWICHTE VON DACHDECKUNGEN in kN/m²

Die Rechenwerte gelten für 1 m² geneigte Dachfläche ohne Sparren, Pfetten oder Dachbinder

Ziegel-deckung	Falzziegel, Reformpfannen, Falzpfannen, Flachdachpfannen	0,55	Krempziegel, Hohlpfannen	0,45
	Strangfalzziegel	0,60	Mönch u. Nonne mit Vermörtelung	0,90
	Biberschwanzziegel	0,60 - 0,95	Betondachsteine	0,50 - 0,65
			Glasdachsteine	0,50 - 0,65
Schiefer-deckung	je nach Deckung	0,45 - 0,60		
Metall-deckung	Stahlprofilblechdach aus Trapez- oder Stegsickenprofil je nach Profilhöhe und Blechdicke	0,075- 0,24	Zinkdach mit Leistendeckung (einschl. 22 mm Schalung)	0,30
	Wellblechdach (verzinkte Stahlbleche)	0,25	Aluminiumdach (0,7 mm dick, einschl. 22 mm Schalung)	0,25
	Doppelstehfalzdach aus verzinkten Falzblechen (0,63 mm dick, einschl. Pappunterlage + Schalung)	0,30	Kupferdach (0,6 mm dick, doppelte Falzung, einschl. 22 mm Schalung)	0,30
			Stahlpfannendach (verzinkt, einschl. Latten und 22 mm Schalung)	0,30
Dachabdichtung u. Dachdeckung mit bituminösen Dachbahnen	2-lagige Dachabdichtung einschließlich Klebemasse	0,15	5 cm Kiesschüttung einschl. Deckaufstrich	1,00
	Dampfsperre einschl. Klebemasse	0,07		
Sonstige Deckungen	Asbestzement-Dachplatten (einschl. Lattung)	0,25	Rohr- oder Strohdach (einschl. Latten)	0,70
	- doppelte Deckung	0,38	Schindeldach (einschl. Latten)	0,25
	Asbestzement-Wellplatten	0,20 - 0,24	Zeltleinwand	0,03
	Kunststoff-Wellplatten (Plexiglas) je nach Dicke und Rohdichte	0,03 - 0,08		

Sämtliche Lasten werden in 2 Gruppen eingeteilt:

1) H **Hauptlasten:**
   - Ständige Last (Eigengewicht)
   - Verkehrslasten
   - Schneelasten

2) Z **Zusatzlasten:**
   - Windlasten
   - Waagrechte Seitenkräfte (z.B. Bremskräfte von Kranen)
   - evtl. Einfluß von Temperaturänderungen.

Mit diesen Lastgruppen sind zwei Lastfälle mit zwei verschiedenen zulässigen Spannungen zu untersuchen:

   H Berücksichtigung nur der Hauptlasten
   HZ Berücksichtigung von Haupt- und Zusatzlasten

Maßgebend ist der Lastfall, der die größeren Querschnitte ergibt.
Für das Überschlagen der Abmessungen genügt immer Lastfall H.

L 3 VERKEHRSLASTEN — LASTANNAHMEN

3.1 GLEICHMÄSSIG VERTEILTE VERTIKALE VERKEHRSLAST in kN/m^2

	1,50	2,00	3,50	5,00	7,50
Waagerechte oder bis zu 1 : 20 geneigte Dächer		bei zeitweiligem Aufenthalt von Menschen	allgemein zugängliche Dachflächen (Dachgärten usw.) soweit nicht höhere Belastungen auftreten.	waagerechte Dachflächen mit Nutzung als Hubschrauberlandeplatz	
Geschoßdecken bei Wohnbauten (Wohnräume einschließlich Flure)	Decken mit ausreichender Querverteilung der Lasten (z.B. Stahlbetonplatten)	Decken ohne ausreichende Querverteilung der Lasten (z.B. Holzbalkendecken, Decken aus Stahlbetonfertigteilen)	Balkone, Loggien und Laubengänge über 10 m^2 Grundfläche Haushaltungskeller	Balkone, Loggien und Laubengänge bis 10 m^2 Grundfläche Keller mit besonderer Nutzung z.B. Kohlenkeller	
Geschäfts- und Verwaltungsbauten		Büroräume mit Fluren, Verkaufsräume bis zu 50 m^2 Grundfläche in Wohngebäuden		Büchereien, Archive, Aktenräume, Warenhäuser, Ausstellungsräume	
Schulen			Hörsäle, Klassenräume	Flure zu Hörsälen und Klassenzimmern, Turnhallen	
Versammlungsbauten				öffentliche Versammlungsräume, Kirchen, Theater, Kinos, Tanzsäle. Tribünen mit festen Sitzplätzen	Tribünen ohne feste Sitzplätze
Krankenhäuser		Krankenzimmer und Aufenthaltsräume	Behandlungsräume und Flure		
sonstige Betriebe		Kleinviehstallungen	Garagen und Parkhäuser für PKWs und ähnliche Fahrzeuge bis 2,5 t Gesamtgewicht	Zufahrten von Garagen und Parkhäusern für PKWs und ähnliche Fahrzeuge bis 2,5 t Gesamtgewicht / Gaststätten, Fabriken und Werkstätten mit leichtem Betrieb	Großviehstallungen
Treppen			Treppen und Podeste, Zugänge in Wohnbauten	Sonstige Treppen, Podeste und Zugänge in öffentlichen Gebäuden	Tribünentreppen

- **Befahrbare Decken:**
  Lasten für befahrbare Hofkellerdecken und Decken in mehrgeschossigen Garagenbauwerken: siehe DIN 1072, Tab. 2. Verkehrslast für nicht befahrbare Hofkellerdecken: 5 kN/m^2.

- **Werkstätten und Fabriken mit schwerem Betrieb:**
  Die Verkehrslast wird im Einzelfall bestimmt: 7,5 - 30 kN/m². Nähere Angaben hierzu: Siehe DIN 1055 T 3, Tab. 1.

- Die Angaben für vertikale Verkehrslasten bis einschließlich 3,5 kN/m^2 gelten für Belastungen durch Menschen, Möbel, Geräte, unbeträchtliche Warenmengen und dergleichen. Kommen in einzelnen Räumen besondere Belastungen, etwa durch Akten, Bücher, Warenvorräte, leichte Maschinen usw. vor, so ist ein genauer Nachweis für diese Belastungen nicht erforderlich, wenn die für diese Räume angenommenen Verkehrslasten um 3 kN/m^2 erhöht werden.

- **Zuschlag für unbelastete leichte Trennwände:**
  Statt eines genauen Nachweises darf das Gewicht unbelasteter Trennwände ersatzweise durch einen gleichmäßig verteilten Zuschlag zur Verkehrslast berücksichtigt werden. Dieser Zuschlag beträgt
  mindestens 0,75 kN pro m^2 Bodenfläche bei einem Wandgewicht $\leq$ 1 kN/m^2
  mindestens 1,25 kN pro m^2 Bodenfläche bei einem Wandgewicht $> 1 \leq$ 1,5 kN/m^2
  Ausgenommen hiervon sind Wände über 1 kN pro m^2 Wandfläche, die parallel zu Balken einer Decke ohne ausreichende Querverteilung der Lasten stehen.
  Bei Verkehrslasten von 5 kN/m^2 und mehr ist ein Zuschlag nicht notwendig.

LASTANNAHMEN — VERKEHRSLASTEN — L 3

3.2 VERMINDERUNG DER VERKEHRSLAST

Bei der Bemessung von Bauteilen, die Lasten aus mehr als drei Vollgeschossen aufnehmen (Stützen, Unterzüge, Wandpfeiler) und bei der Ermittlung von Bodenpressungen darf die Summe der Verkehrslasten ermäßigt werden.
Hierfür gilt: Die Verkehrslasten der drei das Bauteil am stärksten belastenden Geschosse werden mit dem vollen Betrag gerechnet. Dagegen darf die Verkehrslast weiterer Geschosse um einen mit der Geschoßzahl wachsenden Prozentsatz ermäßigt werden. Bei ungleichen Lasten geschieht dies geordnet nach der Größe der Lasten in absteigender Folge.

Abzüge und Minderungszahlen für die Verkehrslast bei mehrgeschossigen Gebäuden und gleicher Verkehrslast in allen Geschossen:

Geschosse	1	2	3	4	5	6	7	8	9	10 u. mehr
Wohngebäude, Büro- und Geschäftshäuser										
1. Abzüge in %	0	0	0	20	40	60	80	80	80	40
2. Minderungszahl	1	1	1	0,95	0,88	0,80	0,71	0,65	0,60	0,60
Werkstätten mit leichtem Betrieb, Warenhäuser										
1. Abzüge in %	0	0	0	10	20	30	40	40	40	20
2. Minderungszahl	1	1	1	0,98	0,94	0,90	0,86	0,83	0,80	0,80

Bei Werkstätten mit schwerem Betrieb, bei Speichern und Lagerräumen sind Abminderungen nicht zulässig.

3.3 HORIZONTALE VERKEHRSLASTEN

Seitenkraft an Brüstungen und Geländern in Holmhöhe:
Bei Treppen, Balkonen, usw. ⟶ 0,5 kN/m
In Versammlungsräumen, Kirchen, Schulen, Theatern, Kinos, Sportbauten, Tribünen, Treppen ⟶ 1 kN/m

Zusätzliche horizontale Verkehrslasten bei Tribünen u.ä.:
Um hier eine ausreichende Längs- und Quersteifigkeit zu erreichen, wird zusätzlich zu den Windlasten und etwaigen anderen horizontalen Kräften eine in Fußbodenhöhe angreifende Seitenkraft von 1/20 der vertikalen Verkehrslast angenommen.
Bei Gerüsten wird eine in Schalungshöhe angreifende Seitenkraft von 1/100 der vertikalen Verkehrslast angenommen.

Bremskräfte und andere Seitenschübe von Kranen:
siehe hierzu DIN 120 § 4 Ziff. 2, 4.

Anprallkräfte von Straßenfahrzeugen:
Bei Stützen und Pfeilern von Bauwerken, die in unmittelbarer Nähe der Bordsteinkante stehen, ist in 1,20 m Höhe über dem Boden in Richtung der Längs- und der Querachse je eine Horizontalkraft anzusetzen.
Diese beträgt:
- bei Stützen und Pfeilern an ausspringenden Gebäudeecken: 500 kN
- bei anderen Stützen: 250 kN
- ansonsten je nach zu erwartenden Fahrzeuggeschwindigkeiten: 20 - 100 kN

Ersatzweise genügt auch der Nachweis, daß beim Ausfall einer Stütze verbleibende Bauteile in der Lage sind, die Lasten über andere Stützen oder Bauteile in den Baugrund zu leiten.

L 4 SCHNEELASTEN — LASTANNAHMEN

Regelschneelast s_o auf horizontale Flächen in kN/m²

Die Regelschneelast s_o in kN/m² wird für horizontale Flächen in Abhängigkeit von der Schneelastzone und der Geländehöhe des Bauwerkstandortes ermittelt (Karte siehe Anhang).

In Berlin beträgt die Regelschneelast $s_o = 0{,}75$ kN/m²

	Geländehöhe des Bauwerkstandortes über NN m	Schneelastzone I	II	III	IV
1					
2	≤ 200 300 400	0,75 0,75 0,75	0,75 0,75 0,75	0,75 0,75 1,00	1,00 1,15 1,55
3	500 600 700	0,75 0,85 1,05	0,90 1,15 1,50	1,25 1,60 2,00	2,10 2,60 3,25
4	800 900 1000	1,25	1,85 2,30	2,55 3,10 3,80	3,90 4,65 5,50
5	> 1000	Wird im Einzelfall durch die zuständige Baubehörde im Einvernehmen mit dem Zentralamt des Deutschen Wetterdienstes in Offenbach festgelegt.			

Schneelast s auf geneigte Flächen

Bei Dachneigungen bis 30° ist der Rechenwert der Schneelast s gleich der Regelschneelast s_o. Die Schneelast ist gleichmäßig verteilt auf die Grundrißprojektion der Dachfläche anzusetzen.

Bei Dachflächen mit einem Neigungswinkel $\alpha > 30°$, von denen der Schnee abgleiten kann, muß der Abminderungsfaktor k_s berücksichtigt werden.

Es gilt: Schneelast $s = k_s \cdot s_o$

Abminderungswerte k_s in Abhängigkeit von der Dachneigung:

α	≤ 30°	35°	40°	45°	50°	55°	60°	65°	≥ 70°
k_s	1,00	0,87	0,75	0,62	0,50	0,37	0,25	0,12	0

Einseitig verminderte Schneelast
Bei einseitiger Schneebelastung ist einseitig der halbe Rechenwert $\frac{s}{2}$ der Schneelast, auf der restlichen Dachfläche s = 0 anzusetzen.

Gleichzeitige Berücksichtigung von Schneelast und Windlast
Bei Dachneigungen bis 45° wird das gleichzeitige Einwirken der Schneelast s und der Windlast w wie folgt berücksichtigt:

$s + \frac{w}{2}$ bis ca. 35° $w + \frac{s}{2}$ von ca. 35° bis 45°

Bei Dachneigungen über 45° wird im Regelfall nicht mit gleichzeitiger Belastung durch Wind und Schnee gerechnet.
Ausnahmen: Schneeansammlungen bei Zusammenstoßen mehrerer Dachflächen, extreme Schneevorkommen in Höhenlagen.

Sonderregelungen gelten für bestimmte Bautypen (Wetterschutzhallen, Tragluftbauten, fliegende Bauten, Gewächshäuser usw.). Siehe DIN 1055   Teil 5

LASTANNAHMEN — WINDLASTEN — L 5

Tabelle 1 (Druckbeiwerte c = 1,3)

Höhe über Gelände m	Windgeschwindigkeit v m/s	Staudruck q kN/m²	Windlast w im allgem. (w=1,3q) kN/m²
über 100	45,6	1,3	1,69
20 - 100	42,0	1,1	1,43
8 - 20	35,8	0,8	1,04
bis 8	28,3	0,5	0,65

$$w = c \cdot q \quad kN/m^2$$

Die angegebenen Werte sind Mittelwerte über jeweils eine Gesamtfläche. Für einzelne Bauteile (z.B. Sparren oder Pfetten) sind die Druck-Werte auf das **1,25fache zu erhöhen**.
Näheres hierzu siehe DIN 1055 T 4.

5.1 Geschlossene Bauten

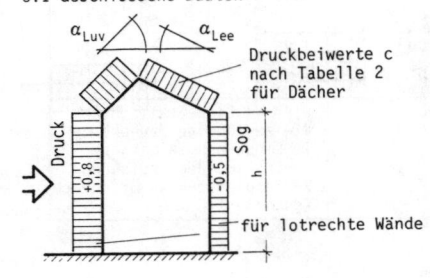

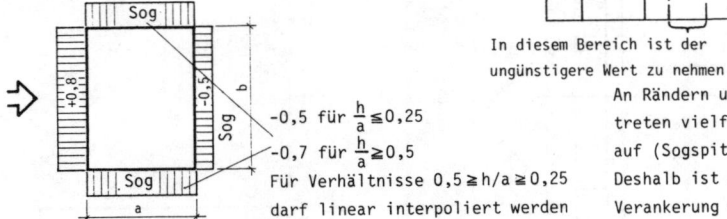

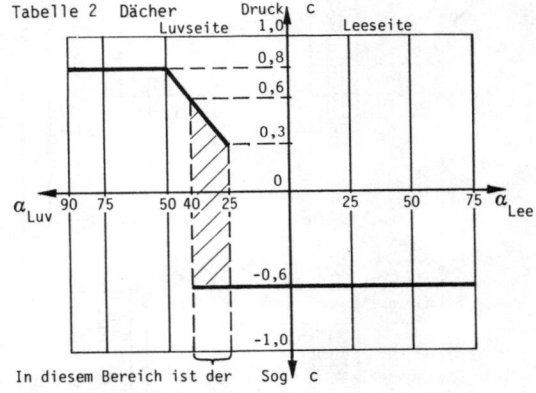

Druckbeiwerte c nach Tabelle 2 für Dächer

für lotrechte Wände:
−0,5 für $\frac{h}{a} \leq 0,25$
−0,7 für $\frac{h}{a} \geq 0,5$
Für Verhältnisse $0,5 \geq h/a \geq 0,25$ darf linear interpoliert werden

Tabelle 2 Dächer

In diesem Bereich ist der ungünstigere Wert zu nehmen

An Rändern und Ecken von Dächern treten vielfach höhere Sogwerte auf (Sogspitzen: c-Werte bis −3,2). Deshalb ist dort besonders auf gute Verankerung der Dächer zu achten.

Als Windangriffsflächen gelten:
- bei Baukörpern, die von ebenen Flächen begrenzt sind: die wirklichen Flächen;
- bei Baukörpern mit kreisförmigem oder annähernd kreisförmigem Querschnitt: die rechtwinklig zur Windrichtung liegende Ebene des Achsenschnittes;
- bei mehreren hintereinander liegenden Dachflächen des gleichen Gebäudes, z.B. bei Sägedächern: die volle Fläche des ersten der Windrichtung zugekehrten Daches und von jeder folgenden die Hälfte.
  Für jedes Element der einzelnen Dächer muß jedoch mit der vollen Fläche gerechnet werden.

Windwirkung:
- Bauwerke sind auf Windlast im allgemeinen in Richtung ihrer Hauptachsen zu untersuchen. In besonderen Fällen, immer aber bei mehrwandigen Fachwerktürmen, ist auch eine Berechnung über Eck erforderlich;
- Bauwerke mit steifen Wänden und Decken brauchen in der Regel nicht auf Windlast untersucht werden;
- steht nicht zweifelsfrei fest, ob ein Bauwerk ausreichend kipp- und gleitsicher ist, so muß dessen Sicherheit gegen Umkippen und Gleiten durch Wind oder etwaige andere waagerechte Kräfte nachgewiesen werden. Die Kippsicherheit muß dabei mindestens 1,5-fach sein.

LASTANNAHMEN

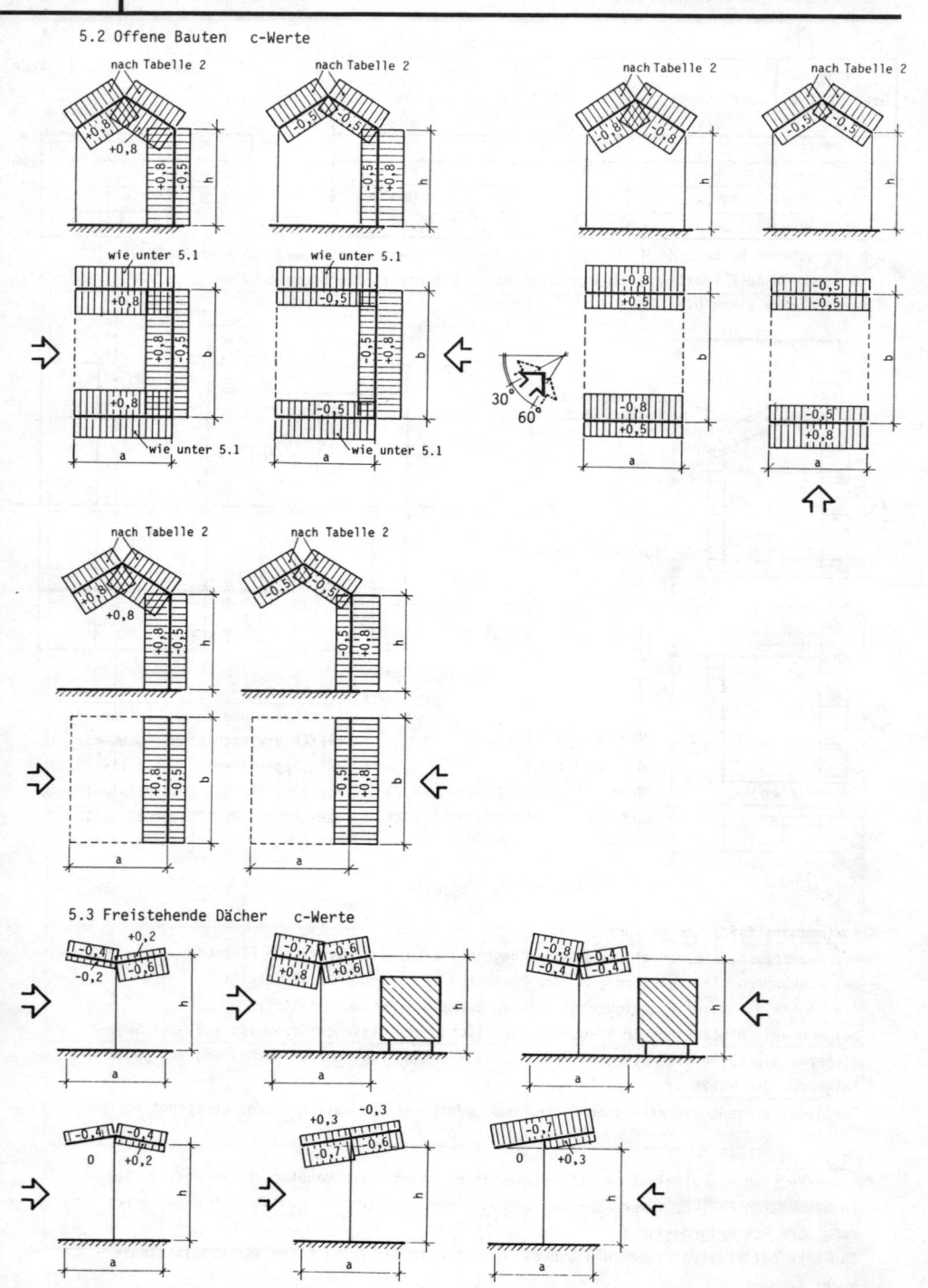

5 WINDLASTEN

5.2 Offene Bauten   c-Werte

5.3 Freistehende Dächer   c-Werte

Für Dachneigungen $-10 \leq \alpha \leq +10$ darf zwischen den Druckbeiwerten für $\alpha = -10$ und $\alpha = +10$ linear interpoliert werden; in den Beiwerten ist eine mögliche Versperrung der durchströmten Fläche unterhalb des Daches bis zu 15% berücksichtigt.

TRAGSYSTEME — BIEGUNG — TS 1

1.1 EINFELDTRÄGER UND KRAGTRÄGER

Formeln für Auflagerkräfte, Biegemomente und Durchbiegungen

Statisches System Belastungsfall	Auflager-Reaktionen [kN, MN]	max. Biegemomente M [kN·m, MN·m]	Durchbiegung f [cm] M [kN·cm] l cm^4 E [kN/cm^2] l [cm] f [cm]	erf I [cm^4] = Werte·max M·l [kNm] [m] oben: Stahl unten: Nadelholz 1/200	1/300
Einfeldträger mit Gleichlast q [kN/m] (MN/m), Länge l	$A = B = \frac{q \cdot l}{2}$	$\max M = \frac{q \cdot l^2}{8}$ in Trägermitte	$\max f = \frac{5 \cdot q \cdot l^4}{384 \cdot E \cdot I}$ oder $\max f = \frac{5 \cdot \max M \cdot l^2}{48 \cdot E \cdot I}$ in Trägermitte	~10 208	~15 312
Einfeldträger mit Dreieckslast q [kN/m]	$A = \frac{q \cdot l}{6}$ $B = \frac{q \cdot l}{3}$	$\max M = \frac{q \cdot l^2}{15{,}59}$ bei $x = 0{,}577\, l$	$\max f = \frac{5 \cdot q \cdot l^4}{768\, E \cdot I}$ oder $\max f = \frac{0{,}101\, \max M \cdot l^2}{E \cdot I}$	9,7 204	14,6 306
Einfeldträger mit Dreieckslast (symmetrisch) q [kN/m]	$A = B = \frac{q \cdot l}{4}$	$\max M = \frac{q \cdot l^2}{12}$	$\max f = \frac{q \cdot l^4}{120\, E \cdot I}$ oder $\max f = \frac{\max M \cdot l^2}{10\, E \cdot I}$	9,5 200	14,3 300
Einfeldträger mit Einzellast P [kN] (MN) in der Mitte	$A = B = \frac{P}{2}$	$\max M = \frac{P \cdot l}{4}$ in Trägermitte	$\max f = \frac{P \cdot l^3}{48 \cdot E \cdot I}$ in Trägermitte	7,9 167	11,9 250
Einfeldträger mit Einzellast P außermittig	$A = \frac{P \cdot b}{l}$ $B = \frac{P \cdot a}{l}$	$\max M = \frac{P \cdot a \cdot b}{l}$ in C	$\max f = \frac{P \cdot a^2 \cdot b^2}{3 \cdot E \cdot I \cdot l}$ bei $x = a\sqrt{\frac{1}{3} + \frac{2b}{3a}}$		
Einfeldträger mit zwei Einzellasten P in Drittelspunkten	$A = B = P$	$\max M = \frac{P \cdot l}{3}$ im mittleren Drittel	$\max f = \frac{23 \cdot P \cdot l^3}{648 \cdot E \cdot I}$ in Trägermitte	10,1 213	15,2 320
Einfeldträger mit n ≥ 3 gleichen, regelmäßig verteilten P	$A = B = \frac{\Sigma P}{2}$	$\max M \approx \frac{\Sigma P \cdot l}{8}$ in Trägermitte	$\max f \approx \frac{5}{48} \cdot \frac{\max M \cdot l^2}{E \cdot I}$	~10 208	~15 312
Kragträger mit Einzellast P am Ende	$A = P$	$M_A =$ $\max M_A = -P \cdot l$	$\max f = \frac{P \cdot l^3}{3 \cdot E \cdot I}$	31,8 667	47,6 1000
Kragträger mit Gleichlast q	$A = q \cdot l$	$M_A =$ $\max M_A = -\frac{q \cdot l^2}{2}$	$\max f = \frac{q \cdot l^4}{8 \cdot E \cdot I}$	23,8 500	35,7 750

TS.1 BIEGUNG — TRAGSYSTEME

Eingespannte Einfeldträger, Träger mit Kragarm

Formeln für Auflagerkräfte, Biegemomente und Durchbiegung

Statisches System Belastungsfall	Auflager-Reaktionen [kN]	max. Biegemomente [kN·m]	Durchbiegung f [cm]
Eingespannt beidseitig, Streckenlast q	$A = B = \dfrac{q \cdot l}{2}$	min $M = M_A = M_B = -\dfrac{q \cdot l^2}{12}$ max $M^+ = \dfrac{q \cdot l^2}{24}$ in Trägermitte	max $f = \dfrac{q \cdot l^4}{384 \cdot E \cdot I}$ in Trägermitte
Eingespannt beidseitig, Einzellast P in Mitte	$A = B = \dfrac{P}{2}$	min $M = M_A = M_B = -\dfrac{P \cdot l}{8}$ max $M^+ = \dfrac{P \cdot l}{8}$ in Trägermitte	max $f = \dfrac{q \cdot l^3}{192 \cdot E \cdot I}$ in Trägermitte
Eingespannt-gelenkig, Streckenlast q	$A = \dfrac{5}{8} q \cdot l$ $B = \dfrac{3}{8} q \cdot l$	min $M = M_A = -\dfrac{q \cdot l^2}{8}$ max $M^+ = \dfrac{9}{128} q \cdot l^2$ bei $x = \dfrac{3}{8} \cdot l$	max $f = \dfrac{q \cdot l^4}{185 \cdot E \cdot I}$ bei $x = 0{,}4215 \cdot l$
Eingespannt-gelenkig, Einzellast P in Mitte	$A = \dfrac{11}{16} P$ $B = \dfrac{5}{16} P$	min $M = M_A = -\dfrac{3 \cdot P \cdot l}{16}$ max $M^+ = \dfrac{5 \cdot P \cdot l}{32}$ bei $x = \dfrac{l}{2}$	max $f = \dfrac{P \cdot l^3}{48 \cdot \sqrt{5} \cdot E \cdot I}$ bei $x = 0{,}447 \cdot l$

Die folgenden Belastungsfälle sind evtl. zu addieren mit denen der vorigen Seite.

Statisches System Belastungsfall	Auflager-Reaktionen [kN]	max. Biegemomente [kN·m]	Durchbiegung f [cm]
Träger mit zwei Kragarmen, Streckenlast q über gesamte Länge	$A = q \cdot a$ $B = q \cdot a$	$M_A = M_B = M_F$ $= -\dfrac{q\,a^2}{2}$	$f_k = \dfrac{M_A \cdot (1 + \tfrac{a}{4}) \cdot a}{E \cdot I}$ $f_m = \dfrac{M_A \cdot l^2}{8 \cdot E \cdot I}$
Träger mit zwei Kragarmen, Einzellasten P an den Enden	$A = B = P$	$M_A = M_B = M_F$ $= -P \cdot a$	$f_k = \dfrac{M_A (1 + \tfrac{a}{3}) a}{E \cdot I}$ $f_m = \dfrac{M_A \cdot l^2}{8 \cdot E \cdot I}$
Einfeldträger mit Kragarm, Streckenlast q auf Kragarm	$A = + \dfrac{M_B}{l}$ $B = q \cdot a - \dfrac{M_B}{l}$	$M_B = -\dfrac{q\,a^2}{2}$	$f_k = \dfrac{M_B \cdot a\,(4l + 3a)}{12 \cdot E \cdot I}$
Einfeldträger mit Kragarm, Einzellast P am Kragarmende	$A = -\dfrac{P \cdot a}{l}$ $B = P + \dfrac{P \cdot a}{l}$	$M_B = -P \cdot a$	$f_k = \dfrac{M_B \cdot a\,(l + a)}{3 \cdot E \cdot I}$

Bei eingespannten Trägern und Trägern mit Kragarm ist die Durchbiegung im Allg. so gering, daß sie für die Bemessung nicht maßgebend ist.

TRAGSYSTEME — BIEGUNG — TS 1

1.2 GELENKTRÄGER UND KOPPELTRÄGER

Formeln für Auflagerkräfte, Biegemomente und Gelenkabstände

Skizze	Auflagerkräfte	Momente
q [kN/m²], A–M_1–B–M_2–C, $a_2 = 0{,}1716\, l$	$A = C = 0{,}415\, q \cdot l$ $B = 1{,}17\, q \cdot l$	$M_1 = M_2 = -M_B =$ $= 0{,}086\, q \cdot l^2$ $= \left(\dfrac{q \cdot l^2}{11{,}6}\right)$
A–M_1–B–M_2–C–M_3–D, $a_2 = c_2 = 0{,}22\, l$	$A = D = 0{,}415\, q \cdot l$ $B = C = 1{,}09\, q \cdot l$	$M_1 = -M_B = -M_C$ $= 0{,}086 \cdot q \cdot l^2$ $= \left(\dfrac{q \cdot l^2}{11{,}6}\right)$ $M_2 = \dfrac{q \cdot l^2}{25}$

Gerberträger mit gleichen Stützweiten

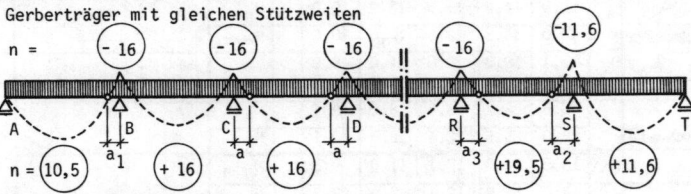

$n =$ ⟨-16⟩ ⟨-16⟩ ⟨-16⟩ ⟨-16⟩ ⟨-11,6⟩

$n =$ ⟨10,5⟩ ⟨+16⟩ ⟨+16⟩ ⟨+19,5⟩ ⟨+11,6⟩

m gleiche Stützweiten l; m-1 Gelenke

$a = 0{,}146\, l$ $A \sim T = 0{,}42\, q \cdot l$ $\min M_S = -\dfrac{q \cdot l^2}{n}$

$a_1 = 0{,}125\, l$ $B \sim S = 1{,}08\, q \cdot l$

$a_2 = 0{,}203\, l$ $C \sim R = 1{,}00\, q \cdot l$ $\max M_F = +\dfrac{q \cdot l^2}{n}$

$a_3 = 0{,}157\, l$

Gerberträger mit verkürzten Endfeldern

Um gleich große Momente an allen gefährdeten Stellen zu erhalten, empfiehlt es sich, die Endfelder auf $l_e = 0{,}85 \cdot l$ zu verkürzen.

alle $a = 0{,}146\, l$ $A = T = 0{,}35\, q \cdot l$ alle $M = \pm \dfrac{q \cdot l^2}{16}$

$B \cdots S = 1{,}0\, q \cdot l$

Koppelträger mit gleichen Stützweiten

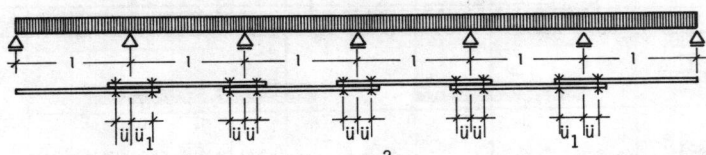

$ü = l/8$ Endfelder $M = \dfrac{q \cdot l^2}{12}$ Stützmomente M_S durch die beiden Profile

$ü_1 = l/5$ Innenfelder $M = \dfrac{q \cdot l^2}{22}$ ohne Berechnung aufnehmbar.

TS 1 | BIEGUNG | TRAGSYSTEME

1.3 DURCHLAUFTRÄGER

n-Werte für Stützenmomente und größte Feldmomente

$$M = \frac{q \cdot l^2}{n}$$

		p : g =	2,0	1,5	1,0	0,5	0,0	Stützenmomente	größte Feldmomente
2 - Feldträger	A B C		8,0	8,0	8,0	8,0	8,0	M_B	
	A B C		12,0	11,4	10,7	9,6	8,0	M_B	
			11,5	11,7	12,1	12,8	14,2		max M_{A-B}
	A B C		12,0	11,4	10,7	9,6	8,0	M_B	
			11,5	11,7	12,1	12,8	14,2		max M_{B-C}
3 - Feldträger	A B C D		9,0	9,1	9,2	9,5	10,0	M_B	
			18,0	16,7	15,0	12,9	10,0	M_C	
	A B C D		18,0	16,7	15,0	12,9	10,0	M_B	
			9,0	9,1	9,2	9,5	10,0	M_C	
	A B C D		15,0	14,3	13,3	12,0	10,0	M_B	
			15,0	14,3	13,3	12,0	10,0	M_C	
			10,7	10,8	11,1	11,5	12,5		max M_{A-B} = max M_{C-D}
	A B C D		15,0	14,3	13,3	12,0	10,0	M_B	
			15,0	14,3	13,3	12,0	10,0	M_C	
			17,1	18,2	20,0	24,0	40,0		max M_{B-C}
4 - Feldträger	A B C D E		8,6	8,7	8,8	9,0	9,3	M_B	
			28,0	25,5	22,5	18,8	14,1	M_C	
			13,5	12,9	12,1	11,0	9,3	M_D	
	A B C D E		13,5	12,9	12,1	11,0	9,3	M_B	
			28,0	25,5	22,5	18,8	14,1	M_C	
			8,6	8,7	8,8	9,0	9,3	M_D	
	A B C D E		16,8	15,5	14,0	12,0	9,3	M_B	
			10,5	10,8	11,2	12,0	14,1	M_C	
			16,8	15,5	14,0	12,0	9,3	M_D	
	A B C D E		14,0	13,3	12,4	11,2	9,3	M_B	
			21,0	20,0	18,7	16,9	14,1	M_C	
			14,0	13,3	12,4	11,2	9,3	M_D	
			10,9	11,1	11,4	11,9	12,9		max M_{A-B}
			15,2	15,9	17,1	19,6	27,3		max M_{C-D}
	A B C D E		14,0	13,3	12,4	11,2	9,3	M_B	
			21,0	20,0	18,7	16,9	14,1	M_C	
			14,0	13,3	12,4	11,2	9,3	M_D	
			15,2	15,9	17,1	19,6	27,3		max M_{B-C}
			10,9	11,1	11,4	11,9	12,9		max M_{D-E}

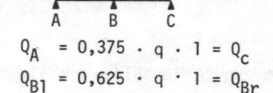

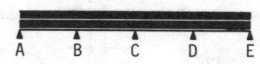

Querkräfte bei Vollast

A B C

$Q_A = 0,375 \cdot q \cdot l = Q_C$
$Q_{Bl} = 0,625 \cdot q \cdot l = Q_{Br}$

A B C D

$Q_A = 0,400 \cdot q \cdot l = Q_D$
$Q_{Bl} = 0,600 \cdot q \cdot l = Q_{Cr}$
$Q_{Br} = 0,500 \cdot q \cdot l = Q_{Cl}$

A B C D E

Die Q-Werte für den Dreifeldträger sind exakt, sie gelten jedoch hinreichend genau auch für den Träger mit mehr als drei Feldern, wobei beliebig viele Innenfelder eingeschaltet werden können.

TRAGSYSTEME   BIEGUNG   TS 1

Die auf der vorigen Seite angegebenen n-Werte gelten für den Sonderfall gleicher Stützweiten und gleicher Belastung g bzw. p in allen Feldern.

Dabei ist n von dem Verhältnis p : g abhängig.

Stützmomente $M_S = - \frac{q \cdot l^2}{n}$

größte Feldmomente $\max M_F = + \frac{q \cdot l^2}{n}$

Die genaue Lage von max M_F läßt sich über das Querkraftdiagramm für den betreffenden Lastfall ermitteln. (Im Endfeld näherungsweise bei 0,4 l von der Endstütze entfernt, sonst ungefähr in Feldmitte.)

Beispiel:

Zeichnen der Hüllkurve (Umhüllende aller möglichen Momentenlinien) für einen Dreifeldträger mit Hilfe der n-Werte für Stützenmomente.

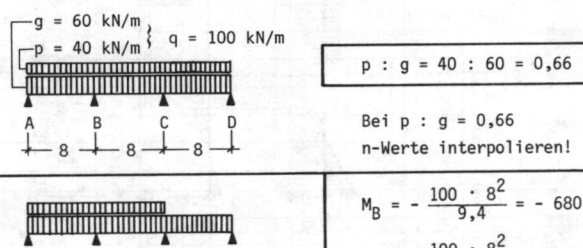

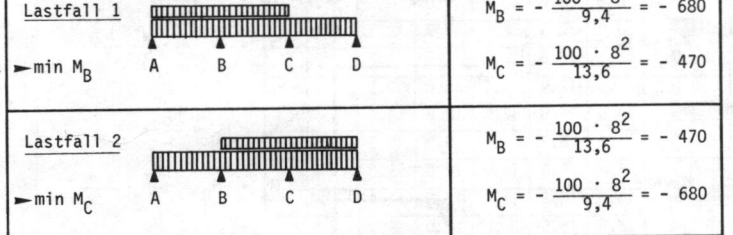

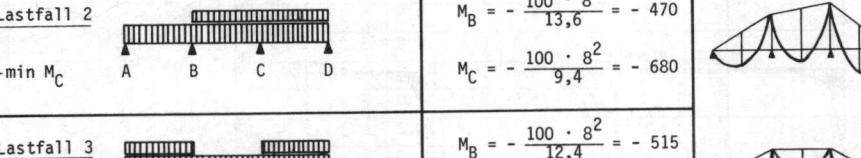

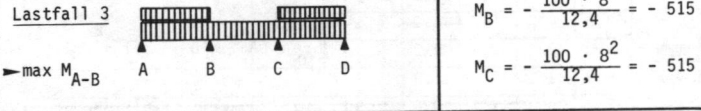

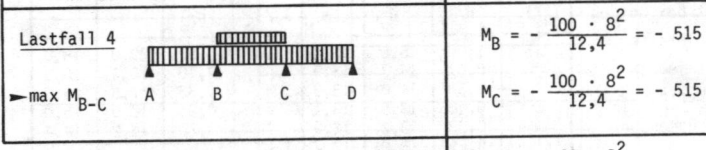

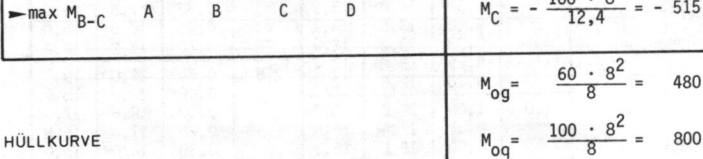

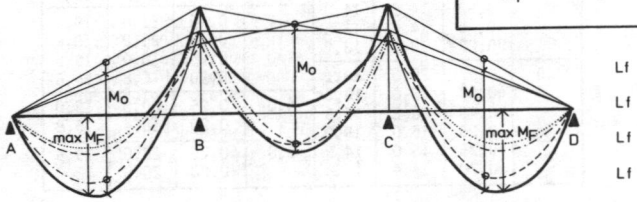

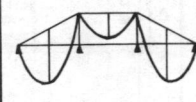

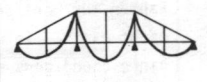

g = 60 kN/m
p = 40 kN/m } q = 100 kN/m

A — 8 — B — 8 — C — 8 — D

p : g = 40 : 60 = 0,66

Bei p : g = 0,66
n-Werte interpolieren!

Lastfall 1 — min M_B

$M_B = - \frac{100 \cdot 8^2}{9,4} = -680$

$M_C = - \frac{100 \cdot 8^2}{13,6} = -470$

Lastfall 2 — min M_C

$M_B = - \frac{100 \cdot 8^2}{13,6} = -470$

$M_C = - \frac{100 \cdot 8^2}{9,4} = -680$

Lastfall 3 — max M_{A-B}

$M_B = - \frac{100 \cdot 8^2}{12,4} = -515$

$M_C = - \frac{100 \cdot 8^2}{12,4} = -515$

Lastfall 4 — max M_{B-C}

$M_B = - \frac{100 \cdot 8^2}{12,4} = -515$

$M_C = - \frac{100 \cdot 8^2}{12,4} = -515$

$M_{og} = \frac{60 \cdot 8^2}{8} = 480$

$M_{oq} = \frac{100 \cdot 8^2}{8} = 800$

HÜLLKURVE

Lf 1 —·—·—
Lf 2 — — —
Lf 3 ———
Lf 4 ·······

TS₁ BIEGUNG — TRAGSYSTEME

1.4 RAHMEN

1. Mit Fußgelenken (Zweigelenkrahmen)

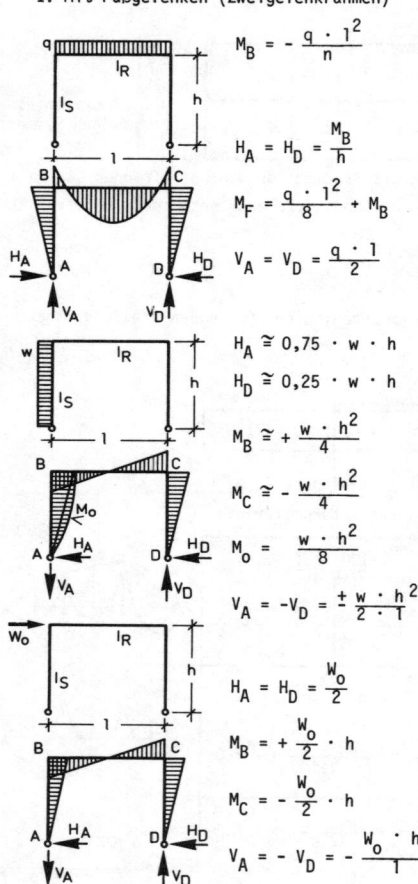

$$M_B = -\frac{q \cdot l^2}{n}$$

$$H_A = H_D = \frac{M_B}{h}$$

$$M_F = \frac{q \cdot l^2}{8} + M_B$$

$$V_A = V_D = \frac{q \cdot l}{2}$$

$H_A \cong 0{,}75 \cdot w \cdot h$

$H_D \cong 0{,}25 \cdot w \cdot h$

$M_B \cong +\frac{w \cdot h^2}{4}$

$M_C \cong -\frac{w \cdot h^2}{4}$

$M_0 = \frac{w \cdot h^2}{8}$

$V_A = -V_D = \pm \frac{w \cdot h^2}{2 \cdot l}$

$H_A = H_D = \frac{w_0}{2}$

$M_B = +\frac{w_0}{2} \cdot h$

$M_C = -\frac{w_0}{2} \cdot h$

$V_A = -V_D = -\frac{w_0 \cdot h}{l}$

2. Mit Fußeinspannung (Eingespannter Rahmen) (selten)

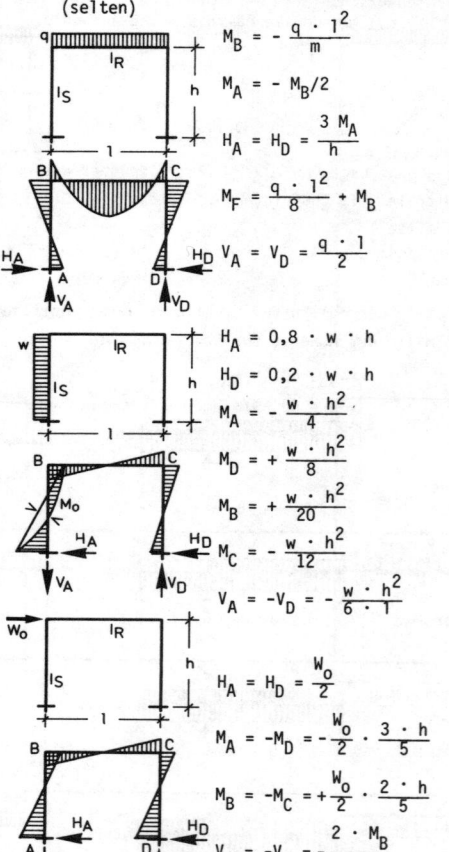

$$M_B = -\frac{q \cdot l^2}{m}$$

$$M_A = -M_B/2$$

$$H_A = H_D = \frac{3 \, M_A}{h}$$

$$M_F = \frac{q \cdot l^2}{8} + M_B$$

$$V_A = V_D = \frac{q \cdot l}{2}$$

$H_A = 0{,}8 \cdot w \cdot h$

$H_D = 0{,}2 \cdot w \cdot h$

$M_A = -\frac{w \cdot h^2}{4}$

$M_D = +\frac{w \cdot h^2}{8}$

$M_B = +\frac{w \cdot h^2}{20}$

$M_C = -\frac{w \cdot h^2}{12}$

$V_A = -V_D = -\frac{w \cdot h^2}{6 \cdot l}$

$H_A = H_D = \frac{w_0}{2}$

$M_A = -M_D = -\frac{w_0}{2} \cdot \frac{3 \cdot h}{5}$

$M_B = -M_C = +\frac{w_0}{2} \cdot \frac{2 \cdot h}{5}$

$V_A = -V_D = -\frac{2 \cdot M_B}{l}$

Dieses Verfahren ist bei beiden Rahmen für Horizontalkräfte nicht exakt, liefert jedoch hinreichend genaue Werte für die überschlägliche Bemessung

I_R = Trägheitsmoment des Riegels

I_S = Trägheitsmoment des Stieles

I_R / I_S schätzen

I_R/I_S	h/l	n	m	I_R/I_S	h/l	n	m
0,5	1,00	16,0	15,0	2,0	0,50	20,0	18,0
	0,67	14,7	13,9		0,40	18,4	16,9
	0,50	14,0	13,5		0,33	17,3	16,0
	0,40	13,5	13,1		0,25	16,0	15,0
	0,33	13,2	12,9		0,20	15,2	14,4
	0,25	13,0	12,7	2,5	0,50	22,0	19,5
	0,20	12,8	12,6		0,40	20,0	18,0
1,0	1,00	20,0	18,0		0,33	18,6	17,0
	0,67	17,4	16,0		0,25	17,0	15,8
	0,50	16,0	15,0		0,20	16,0	15,0
	0,33	14,6	14,0	3,0	0,40	21,6	19,1
	0,25	14,0	13,5		0,33	20,0	18,0
	0,20	13,6	13,2		0,25	18,0	16,5
1,5	0,67	20,0	18,1		0,20	16,8	15,6
	0,50	18,0	16,5	4,0	0,25	20,0	18,0
	0,40	16,8	15,6		0,20	18,4	16,8
	0,33	16,0	15,0				
	0,25	15,0	14,2	5,0	0,25	22,0	19,5
	0,20	14,4	13,8		0,20	20,0	18,0

TRAGSYSTEME   BIEGUNG   TS.1

1.4 RAHMEN

    3. Dreigelenkrahmen

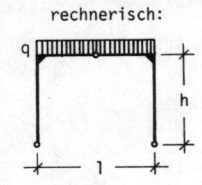

rechnerisch: zeichnerisch:

$$M_B = -\frac{q \cdot l^2}{8}$$

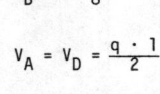

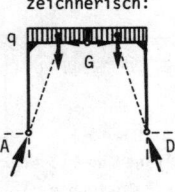

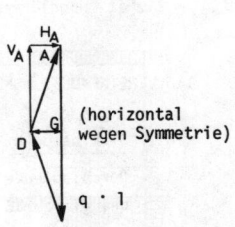

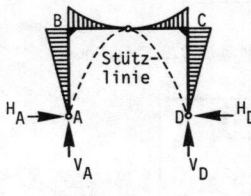

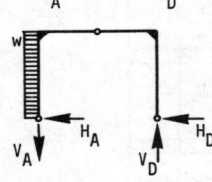

$$V_A = V_D = \frac{q \cdot l}{2}$$

$$H_A = H_D = \frac{q \cdot l^2}{8h}$$

(horizontal wegen Symmetrie)

Auflager und Momente siehe Zweigelenkrahmen

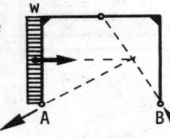

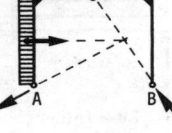

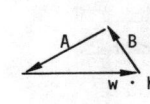

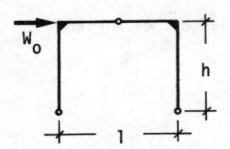

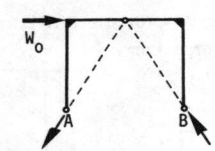

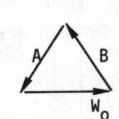

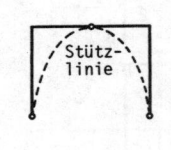

Die Biegemomente sind um so geringer, je mehr die Rahmenform der Stützlinie (z.B. Parabel bei gleichmäßig verteilter Last) nahekommt.

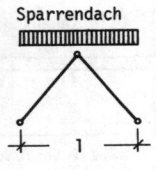

$$H = \frac{q \cdot l^2}{8 \cdot h}$$

$$M_E = H \cdot h_1$$

Sparrendach

Beanspruchung aus

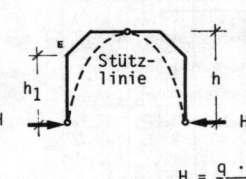

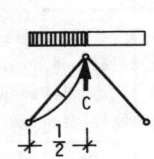

Moment
$$\max M = \frac{q \, (l/2)^2}{8}$$

(C = gedachtes Auflager)

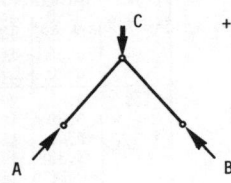

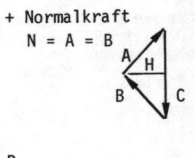

+ Normalkraft
$$N = A = B$$

TS 1 — BIEGUNG — TRAGSYSTEME

1.5 VEREINFACHTE MOMENTENWERTE BEI DURCHLAUFTRÄGERN

1. Stahlbeton

Durchlaufende Decken und Träger über 3 oder mehr Felder
bei gleichmäßig verteilter Belastung q in allen Feldern
und bei gleichen Stützweiten
(oder bei ungleichen Stützweiten, wenn die kleinste noch mindestens das 0,8-fache der größten beträgt.)

Stützmomente:

- 1. Innenstütze $\quad M_S \approx -\dfrac{q \cdot l^2}{9}$
- alle übrigen Innenstützen $\quad M_S \approx -\dfrac{q \cdot l^2}{10}$

Feldmomente:

- Endfelder $\quad M_F \approx +\dfrac{q \cdot l^2}{11}$
- Innenfelder $\quad M_F \approx +\dfrac{q \cdot l^2}{15}$

Bei ungleichen Stützweiten ist für die Ermittlung des Stützmoments das Mittel der angrenzenden Stützweiten einzusetzen.

2. Stahl

bei durchlaufenden Trägern über 3 oder mehr Felder
bei gleichmäßig verteilter Belastung q in allen Feldern
und bei gleichen Stützweiten.

Stützmomente:

- alle Innenstützen $\quad M_S = -\dfrac{q \cdot l^2}{16}$

Feldmomente:

- Endfelder $\quad M_F = +\dfrac{q \cdot l^2}{11}$
- alle Innenfelder $\quad M_F = +\dfrac{q \cdot l^2}{16}$

Diese Vereinfachungen gelten auch bei ungleichen Stützweiten oder Belastungen, wenn die kleinste Stützweite oder Belastung noch mindestens das 0,8-fache der größten beträgt. Voraussetzung hierfür ist, daß der Querschnitt des höchst beanspruchten Innenfeldes auch in den übrigen Innenfeldern und über den Stützen durchgeführt wird.

Die Auflagerkräfte dürfen im allgemeinen wie für Einzelträger auf zwei Stützen berechnet werden (mit Ausnahme des Trägers auf drei Stützen).

TRAGSYSTEME — BIEGUNG — TS 1

1.6 DURCHBIEGUNGSNACHWEIS

mit erforderlichem Trägheitsmoment erf I

1. Einfeldträger mit gleichmäßig verteilter Belastung

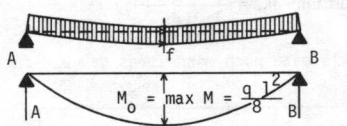

$M_o = \max M = \dfrac{q \, l^2}{8}$

Dimensionen beachten !!

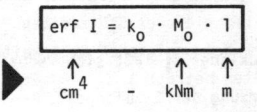

$$\text{erf } I = k_o \cdot M_o \cdot l$$

$\uparrow$ cm^4 — $\uparrow$ kNm $\uparrow$ m

2. Einfeldträger mit beliebiger Belastung

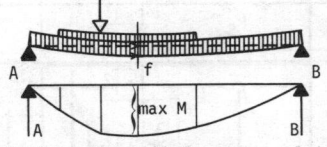

Näherungsweise kann wie bei 1. verfahren werden, wenn anstelle von M_o der Wert von max M in die Formel eingesetzt wird.

3. Einfeldträger mit Kragarm u. gleichmäßig verteilter Belastung

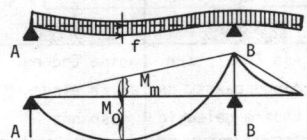

$$\text{erf } I = k_o \cdot M_o \cdot l - k_m \cdot M_m \cdot l$$

M_m = halbiertes oder gemitteltes Stützmoment

4. Durchlaufträger mit gleichmäßig verteilter Belastung

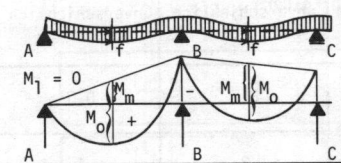

$M_1 = 0$

$$\text{erf } I = k_o \cdot M_o \cdot l - k_m \cdot M_m \cdot l$$

M_m = gemitteltes Stützmoment
M_o = Moment des Einfeldträgers (z.B. $\dfrac{q l^2}{8}$)

zul f	Stahl		Nadelholz		Aluminium E = 7000 kN/cm^2	
	k_o	k_m	k_o	k_m	k_o	k_m
1/ 100	5	6	104	125	15	18
1/ 200	10	12	208	250	30	36
1/ 300	15	18	312	375	45	54
1/ 500	25	30	520	625	75	90
1/1000	50	60	1040	1250	150	180

Beim Stahlbeton wird anstelle der Berechnung des erf I oder vorh f die Einhaltung einer bestimmten Schlankheit l/h bzw. li/h gefordert.

2.1 STÜTZEN

Die Last auf einer Stütze läßt sich mit Tab. L 1.1 und 1.2 ermitteln. Die Tragfähigkeit schlanker Stützen hängt ab von:

- Material (s. Materialwerte der einzelnen Baustoffe)
- Trägheitsmoment (s. Querschnittswerte, Materialien)
- Knicklänge s_k = β · l (im Quadrat!)

(Vergleiche Eulersche Knicklast für schlanke Stützen: $N_k = \dfrac{\pi^2 \cdot E \cdot I}{s_k^2}$)

Die Knicklänge s_k läßt sich reduzieren durch
- Verkürzung der Stablänge l,
- starrere oder unverschiebliche Stützung (Eulerfall 1 vermeiden)
- Verbände, Auskreuzungen.

Eulerfälle	1	2	3	4
	$s_k = 2 \cdot l$	$s_k = l$	$s_k = \dfrac{l}{\sqrt{2}}$	$s_k = \dfrac{l}{2}$
Lagerung der Stabenden	ein Ende starr eingespannt, das andere frei	beide Enden gelenkig	ein Ende starr eingespannt, das andere gelenkig	beide Enden starr eingespannt
Verschieblichkeit der Stabenden	verschieblich	unverschieblich	unverschieblich	unverschieblich
β = Knicklänge/Stablänge	2,0	1,0	~ 0,7	0,5
Knicklast N_{k2}	$\dfrac{1}{4}$	1	2	4

Andere Fälle
(Rahmen)

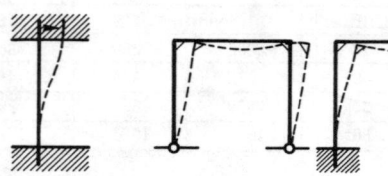

beide Enden starr eingespannt, ein Ende jedoch verschieblich

β = Knicklänge/Stablänge	1,0	2 ... 3,5	1 ... 2,5

TRAGSYSTEME — LÄNGSKRAFT — TS 2

2.2 SEILE

1. Allgemeines

Ein Seil kann nur Zugkräfte aufnehmen, keine Druck- oder Schubkräfte und keine Momente. Sein inneres Moment muß daher an jedem Punkt $M_i = 0$ sein. Ein Seil nimmt unter einer Last die zum Abtragen dieser Last günstigste Form an: Die Seillinie.

2. Kräfte in Seilen

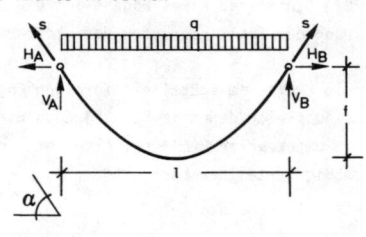

a) Gleichmäßig verteilte Last:

$$V_A = V_B = \frac{q \cdot l}{2}$$

$$H_A = H_B = \frac{q \cdot l^2}{8 f}$$

$$\max S = \sqrt{V^2 + H^2} = \frac{H}{\cos \alpha}$$

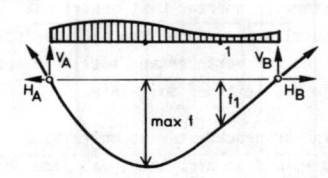

b) Allgemein

$$V_A = \overline{A}$$
$$V_B = \overline{B}$$
$$H_A = H_B = \frac{\max \overline{M}}{\max f} = \frac{\overline{M}_1}{f_1}$$
$$S = \sqrt{V^2 + H^2} = \frac{H}{\cos \alpha}$$

Hierbei $\overline{A}$, $\overline{B}$ und $\overline{M}$ die Auflagerreaktionen bzw. das Maximalmoment eines gedachten Ersatzträgers mit der gleichen Belastung q und der gleichen Spannweite l. Die Seillinie ist eine affine Figur der Momentenlinie dieses gedachten Ersatzträgers. Unter nur vertikaler Last ist immer $H_A = H_B$.

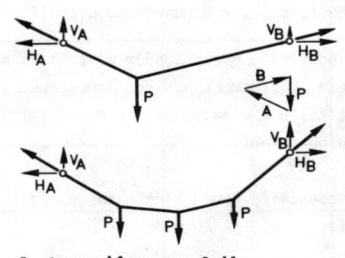

c) Einzellasten

Seilkräfte und Seillinie unter Einzellasten können rechnerisch (s. unter 2.) oder durch graphische Zerlegung bzw. durch Seileck und Krafteck bestimmt werden.

3. Aussteifung von Seilen

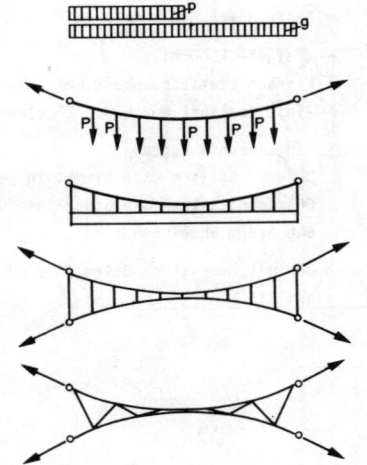

Wechselnde Lasten führen zu wechselnden Seillinien.

Aussteifung ist möglich durch
a) Gewicht. (Hohe ständige Last)
   Je größer g/p, um so kleiner die Form-Änderungen.
b) Aussteifungsträger (z.B. biegesteife Fahrbahn-Träger)
c) Gegenspannseil
   Die Wirkung des Gegenspannseils wird verstärkt durch die dreieckförmige Anordnung von Zwischenseilen (System Jawerth)

LÄNGSKRAFT — TRAGSYSTEME

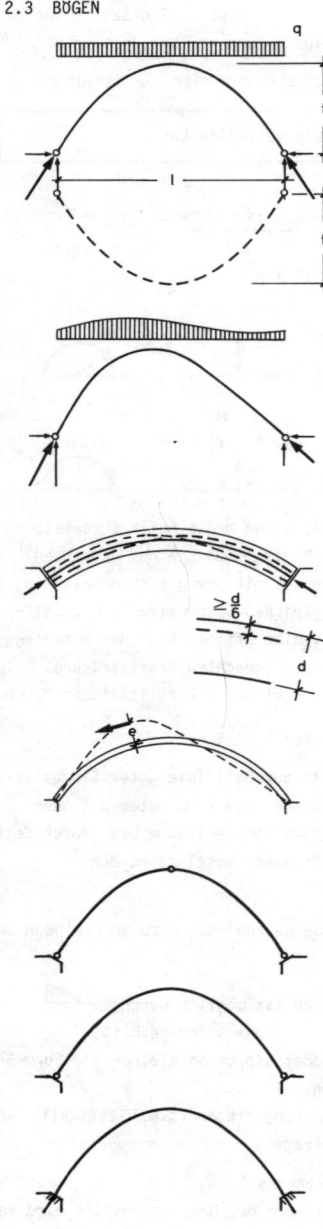

2.3 BÖGEN

1. Form und Kräfte

Die Stützlinie eines Bogens ist die Umkehrung der Seillinie unter der gleichen Last.

Die Kräfte im stützlinienförmigen Bogen sind gleich denen im Seil, jedoch wirkt H in umgekehrter Richtung. Also unter gleichmäßig verteilter Last ist

$$V_A = V_B = \frac{q \cdot l}{2}$$

$$H_A = H_B = \frac{q \cdot l^2}{8 f}$$

Unter veränderter Last ändert sich die Stützlinie, jedoch kann sich der Bogen nicht der veränderten Stützlinie anpassen, wie das Seil der Seillinie.

Ein nur druckfester Bogen (z.B. aus Mauerwerk) muß so dick sein, daß jede mögliche Stützlinie innerhalb seiner Dicke d so verläuft, daß ihr Randabstand überall $\geq \frac{d}{6}$ ist.

Biegesteife Bögen können wesentlich dünner sein. Das Moment aus der Abweichung e der Stützlinie wird durch die Biegesteifigkeit aufgenommen.

2. Biegesteife Bögen können ausgebildet werden als:

- Dreigelenkbogen.
  Statisch bestimmt. Die Stützlinie verläuft durch die 3 Gelenke.

- Zweigelenkbogen.
  Einfach statisch unbestimmt. Die Stützlinie verläuft durch die 2 Gelenke.

- Eingespannte Bögen.
  3-fach statisch unbestimmt. In jedem Querschnitt kann die Stützlinie von der Bogenform abweichen.

Bögen mit mehr als 3 Gelenken sind nicht stabil!!!

TRAGSYSTEME — LÄNGSKRAFT UND BIEGUNG — TS 3

3 LÄNGSKRAFT UND BIEGUNG

In Bauteilen, die gleichzeitig durch Biegung und Längskraft beansprucht werden, (z.B. Rahmen, TS 1.4; Bogen, TS 2.3, ausmittig gedrückte Stützen) überlagern sich die darauf entstehenden Spannungen.

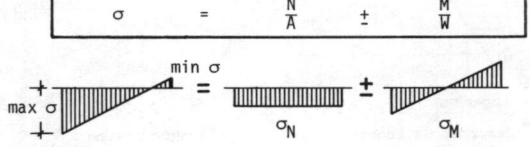

$$\sigma = \frac{N}{A} \pm \frac{M}{W}$$

Diese kombinierte Beanspruchung kann auftreten:

1. Durch eine Längskraft N und ein von ihr unabhängig wirkendes Moment M.

2. Durch eine mit dem Hebelarm e zur Stabachse angreifende Längskraft N.

Daraus folgt: $M = N \cdot e$ oder $e = \frac{M}{N}$ (= Exzentrizität od. Ausmittigkeit)

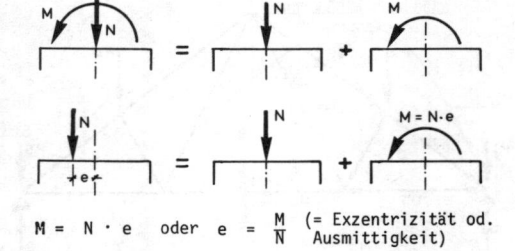

Beispiel Rechteckquerschnitt:

3. Ist die Ausmittigkeit $e \leq \frac{d}{6}$ (Kern des Querschnitts), so treten nur Spannungen mit gleichem Vorzeichen auf.

   $$\max \sigma = \frac{N}{b \cdot d} + \frac{M}{b \cdot d^2/6} \;;\; \min \sigma = \frac{N}{b \cdot d} - \frac{M}{b \cdot d^2/6}$$

   Sonderfall $e = \frac{d}{6}$: $\max \sigma = 2\, \sigma_N$; $\min \sigma = 0$

4. Ist die Ausmittigkeit $e > \frac{d}{6}$, so muß unterschieden werden zwischen
   a) zug- und druckfestem Material (Holz u. Stahl) und
   b) nur druckfestem Material (Mauerwerk, unbewehrtem Beton, Baugrund)

   zu a) Berechnung wie vor $\sigma = \frac{N}{A} \pm \frac{M}{W}$

   zu b) Hier ist nur die <u>gedrückte</u> Fläche statisch wirksam. Die Wirkungslinie der ausmittigen N-Kraft geht durch den Schwerpunkt des Spannungskörpers (klaffende Fuge).

   $$\max \sigma = \frac{2\,N}{3\,c \cdot b}$$

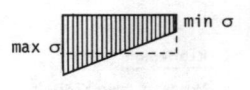

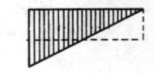

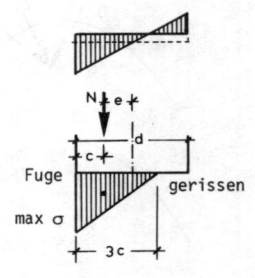

43

TS 4 FACHWERKE — TRAGSYSTEME

4.1 ZEICHNERISCHE ERMITTLUNG DER STABKRÄFTE IM CREMONAPLAN:
Anzahl der Stäbe s und der Knoten k müssen $s = 2 \cdot k - 3$ genügen.

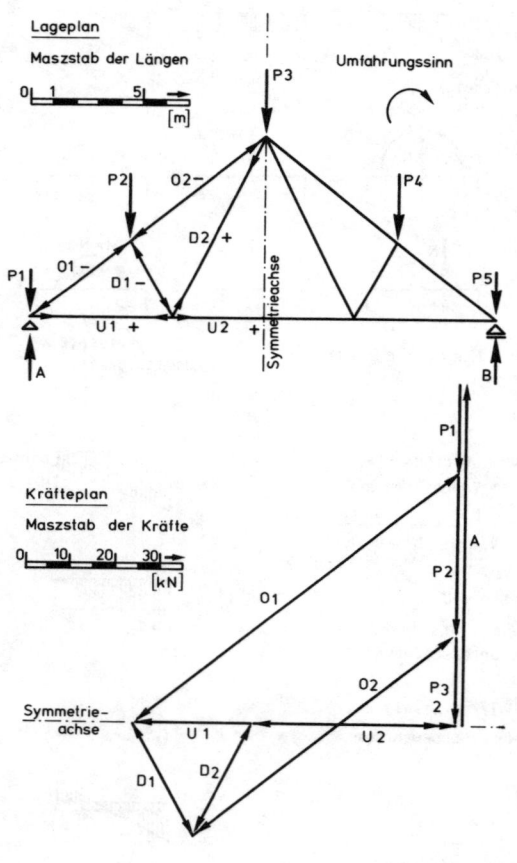

Lageplan
Maszstab der Längen
0 1   5
[m]

Umfahrungssinn

Kräfteplan
Maszstab der Kräfte
0 10 20 30
[kN]

Symmetrieachse

1. Belastende Kräfte P_1, P_2 ... feststellen.

2. Stützende Kräfte (Auflagerreaktionen) A und B ermitteln (rechnerisch oder zeichnerisch).

3. Stäbe benennen (O_1, O_2, U_1 ...).

4. Umfahrungssinn festlegen.
   In diesem Umfahrungssinn alle äusseren Kräfte (P_1 bis P_n, A, B) aneinanderreihen.

5. Beginnen an einem Knoten, an dem nur 2 unbekannte Kräfte angreifen.

6. In der Reihenfolge des gewählten Umfahrungssinnes bekannte Kräfte dieses Knotens aneinanderreihen.

7. Richtung der beiden unbekannten Kräfte antragen, sodaß sich das Krafteck schließt, und so deren Größe und Richtung ermitteln.

8. Obertragen der Pfeilspitzen und somit der Kraftrichtungen in den Lageplan, feststellen ob Zug- oder Druckkraft (Druck -; Zug +).

9. Wiederholen der Schritte 6. - 8. am nächsten Knoten, hierbei Pfeilrichtungen jeweils umdrehen, sodaß jede Stabkraft zweimal in entgegengesetzten Richtungen durchfahren wird.

TRAGSYSTEME   FACHWERKE   TS 4

4.2 RECHNERISCHE ERMITTLUNG DER STABKRÄFTE MIT RITTERSCHEM SCHNITTVERFAHREN

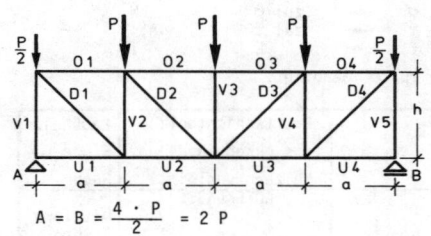

Zur Berechnung einer unbekannten Stabkraft legen wir einen (gedachten) Schnitt durch das Fachwerk und zwar so, daß höchstens 3 unbekannte Stabkräfte geschnitten werden.

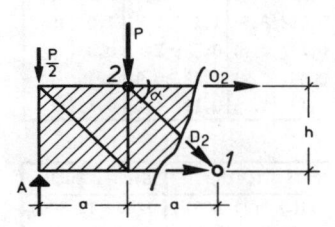

$$A = B = \frac{4 \cdot P}{2} = 2P$$

$$+ \Sigma M_1 = 0 \blacktriangleright + A \cdot 2a - \frac{P}{2} \cdot 2a - P \cdot a + O_2 \cdot h = 0$$

$$O_2 = -\frac{2aP}{h} = -\frac{M_1}{h} \quad (- = \text{Druck})$$

$$+ \Sigma V = 0 \blacktriangleright + A - \frac{P}{2} - P - D_2 \cdot \sin \alpha = 0$$

$$D_2 = +\frac{P}{2 \cdot \sin \alpha} = \frac{Q}{\sin \alpha} \quad (+ = \text{Zug})$$

$$+ \Sigma M_2 = 0 \blacktriangleright + A \cdot a - \frac{P}{2} \cdot a - U_2 \cdot h = 0$$

$$U_2 = +\frac{3a \cdot P}{2 \cdot h} = +\frac{M_2}{h}$$

Eine Oberschlagsmethode

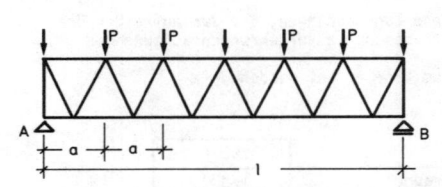

Bei Fachwerkträgern mit vielen Feldern und parallelem Ober- und Untergurt können wir näherungsweise das Moment wie bei einem Träger mit gleichmäßig verteilter Last berechnen und die maximalen Obergurt- und Untergurtkräfte ermitteln mit

$$\max O \sim \frac{\max \bar{M}}{h}$$

$$\max U \sim \frac{\max \bar{M}}{h}$$

Die Kräfte in den meistbeanspruchten V- und D-Stäben ergeben sich aus den Auflager-Reaktionen A und B.

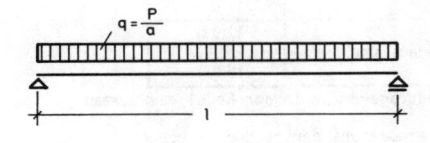

Dabei setzen wir an:

$$q = \frac{P}{a}$$

Wir verteilen also in Gedanken die Einzellasten zu einer gleichmäßig verteilten Last. Mit dieser ergibt sich für den Einfeldträger

$$\max \bar{M} = \frac{q \cdot l^2}{8} \quad \text{und daraus}$$

$$\max O \sim \max U \sim \frac{q \cdot l^2}{8 \, h}$$

H 1 MATERIALWERTE — HOLZ

Für die drei <u>Nachweise</u> bei Biegebeanspruchung werden <u>Materialkennwerte</u> und <u>Querschnittswerte</u> benötigt:

Biegebemessung	vorh $\sigma \leq$ zul σ	→ zul σ	W
evtl. Schubnachweis	vorh $\tau \leq$ zul τ	→ zul τ	A, z
evtl. Durchbiegungsnachweis	vorh $f \leq$ zul f	→ E	I

Bei Längskraft wird vor allem die zulässige Spannung zul σ benötigt.

1.1 Zulässige Spannungen in kN/cm² (N/mm²) gültig für Lastfall H

		Nadelhölzer (europ.)			Brettschichtholz (aus europ. Nadel- hölzern verleimt)		Laubholz Eiche Buche
		GÜTEKLASSE			GÜTEKLASSE		mittlere Güte
		III	II	I	II	I	
Biegung	zul σ_B	0,7 (7)	1,0 (10)	1,3 (13)	1,1 (11)	1,4 (14)	1,1 (11)
Zug	zul $\sigma_{Z\parallel}$		0,85 (8,5)	1,05(10,5)	0,85 (8,5)	1,05(10,5)	1,0 (10)
Druck	zul $\sigma_{D\parallel}$	0,6 (6)	0,85 (8,5)	1,1 (11)	0,85 (8,5)	1,1 (11)	1,0 (10)
Druck	zul $\sigma_{D\perp}$	0,2 (2)	0,2 (2)	0,2 (2)	0,2 (2)	0,2 (2)	0,3 (3)
Abscheren	zul τ	0,09(0,9)	0,09(0,9)	0,09(0,9)	0,09(0,9)	0,09(0,9)	0,1 (1)
Schub aus Querkraft	zul τ	0,09(0,9)	0,09(0,9)	0,09(0,9)	0,12(1,2)	0,12(1,2)	0,1 (1)

1.2 Elastizitätsmodul E in kN/cm² (N/mm²)

	Nadelhölzer	Brettschichth.	Eiche, Buche
parallel der Faser $E^{\parallel}$	1000 (10 000)	1100 (11 000)	1250 (12 500)
senkrecht zur Faser $E\perp$	30 (300)	30 (300)	60 (600)

Bei Sparren, Pfetten und Deckenbalken aus Kanthölzern oder Bohlen dürfen die zulässigen Spannungen der Güteklasse I nicht angewendet werden, bei anderen Bauteilen nur dann, wenn die Anforderungen hinsichtlich Kennzeichnung, Auswahl usw. nach DIN 4074 erfüllt sind und Berechnung, Durchführung und Ausbildung den strengsten Anforderungen genügen.

Bei Durchlaufträgern ohne Gelenke darf die Biegespannung über den Innenstützen die zulässigen Werte um 10 % überschreiten. Dies gilt nicht bei Sparren von verschieblichen Kehlbalkendächern.

Bei Rundhölzern dürfen in den Bereichen ohne Schwächung der Randzone die zulässigen Biege- und Druckspannungen um 20 % erhöht werden.

Bei durchlaufenden oder auskragenden Biegebalken dürfen die zulässigen Schubspannungen aus Querkraft in Bereichen, die mindestens 1,50 m vom Stirnende entfernt liegen, auf τ = 0,12 kN/cm² (1,2 N/mm²) erhöht werden.

Rechtwinklig oder schräg zur Faserrichtung wirkende Zugspannungen, die zum Aufreißen des Holzes führen können, sind zu vermeiden oder durch besondere Vorkehrungen aufzunehmen (z.B. Bolzen).

Im Lastfall HZ können die zulässigen Spannungen um 25 % erhöht werden.

1.3 Zulässige Durchbiegung

	zul f
Decken (Wohn- u. Büroräume, Fabrik- u. Werkstatträume)	1/300
Pfetten, Sparren in Dächern, Balken von Stalldecken, Scheunen	1/200
Kragträger am Kragarmende	1/150
Genagelte, verdübelte, verleimte Vollwandträger	1/400
Fachwerkträger	1/600
Bei zusätzlicher Berücksichtigung des Schwindens und der Nachgiebigkeit der Verbindungsmittel	1/300

Bei Fachwerkträgern und zusammengesetzten Vollwandträgern ist in der Regel das Gesamtsystem parabelförmig zu überhöhen.

Die Überhöhung soll bei geleimten Konstruktionen mindestens der rechnerischen Durchbiegung aus ständiger Last und ruhender Verkehrslast entsprechen, während alle übrigen Konstruktionen im Hinblick auf die nachgiebigen Verbindungsmittel mindestens um 1/300, bei Verwendung halbtrockenen oder frischen Holzes mit Rücksicht auf das Schwinden mindestens um 1/200 überhöht werden sollen.

Bei Rahmen ist sinngemäß zu verfahren.

Bei Fachwerk- und Vollwandträgern, bei denen die Überhöhung nicht ausgeführt wird, darf die rechnerische Durchbiegung unter der Gesamtlast 1/300 nicht überschreiten.

HOLZ QUERSCHNITTSWERTE

2.1 STATISCHE WERTE ZUSAMMENGESETZTER QUERSCHNITTE

Abmessungen:

	b (cm)	I = Trägheitsmoment	(cm^4)
	h (cm)	W = Widerstandsmoment	(cm^3)
	s (cm)	S = Statisches Moment	(cm^3)
	t (cm)	i = Trägheitsradius	(cm)
Flächen	A (cm^2)	e = Randfaserabstand	(cm)
gesamte Fläche	tot A (cm^2)		

a) Symmetrische Querschnitte

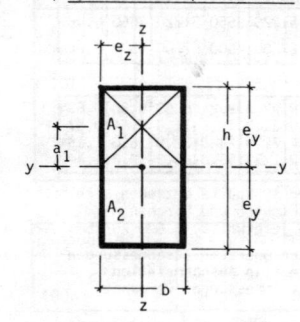

Rechteckvollquerschnitte:

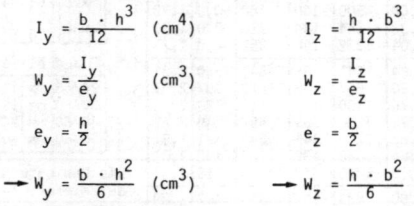

$$I_y = \frac{b \cdot h^3}{12} \;(cm^4) \qquad I_z = \frac{h \cdot b^3}{12}$$

$$W_y = \frac{I_y}{e_y} \;(cm^3) \qquad W_z = \frac{I_z}{e_z}$$

$$e_y = \frac{h}{2} \qquad e_z = \frac{b}{2}$$

$$\rightarrow W_y = \frac{b \cdot h^2}{6} \;(cm^3) \qquad \rightarrow W_z = \frac{h \cdot b^2}{6}$$

S = Statisches Moment des in der zu untersuchenden Fuge angeschlossenen Querschnittsteiles bezogen auf die Schwerachse des Gesamtquerschnittes.

$$S_{y-y} = A_1 \cdot a_1 \qquad S_{y-y} = \frac{b \cdot h^2}{8}$$

$$i_y = \sqrt{\frac{I_y}{A}} = 0{,}289 \cdot h \qquad i_z = \sqrt{\frac{I_z}{A}} = 0{,}289 \cdot b$$

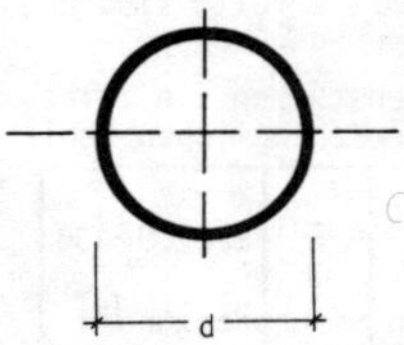

Kreisvollquerschnitte:

$$\text{alle Achsen} \quad I = \frac{\pi \cdot d^4}{64} \approx 0{,}05 \, d^4$$

$$W = \frac{\pi \cdot d^3}{32} \approx 0{,}1 \, d^3$$

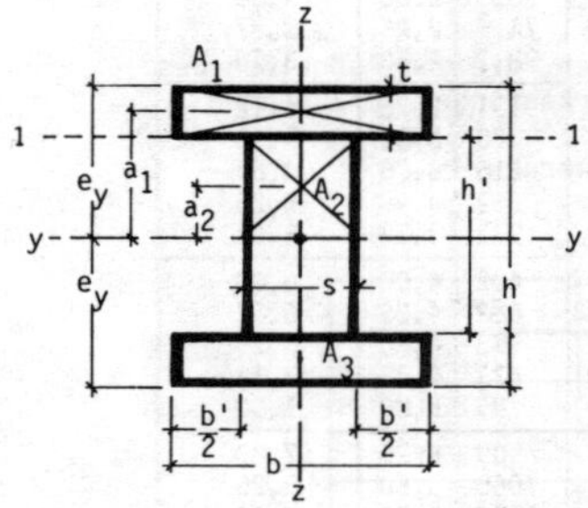

Zusammengesetzte Querschnitte:

$$I_y = \frac{b \cdot h^3}{12} - \frac{b' \cdot h'^3}{12} \qquad I_z = 2 \cdot I_{A_{1z}} + I_{A_{2z}}$$

$$W_y = \frac{I_y}{e} \qquad e_y = \frac{h}{2} \qquad = 2 \cdot \frac{t \cdot b^3}{12} + \frac{h' \cdot s^3}{12}$$

$$S_{y-y} = A_1 \cdot a_1 + A_2 \cdot a_2 \qquad S_{1-1} = A_1 \cdot a_1$$

b) Asymmetrische Querschnitte

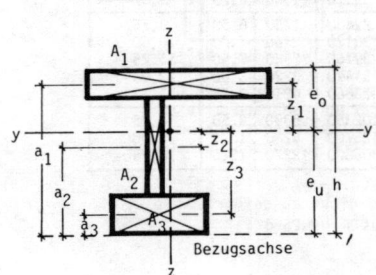

Lage der Schwerachse:

$$e_u = \frac{A_1 \cdot a_1 + A_2 \cdot a_2 + A_3 \cdot a_3}{\text{tot A}}$$

$$I_{A_{1y}} = \frac{b_1 \cdot h_1^3}{12} \qquad I_{A_{2y}} = \ldots.$$

$$I_y = A_1 \cdot z_1^2 + A_2 \cdot z_2^2 + A_3 \cdot z_3^2 + I_{A_{1y}} + I_{A_{2y}} + I_{A_{3y}}$$

$$W_{yu} = \frac{I_y}{e_u} \qquad W_{yo} = \frac{I_y}{e_o}$$

H 2 QUERSCHNITTSWERTE   HOLZ

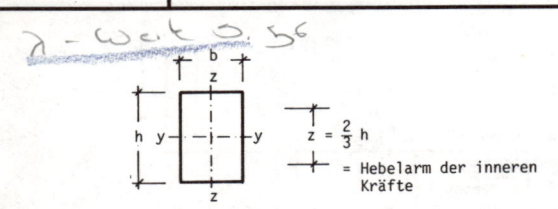

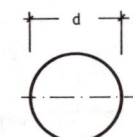

A = Querschnittsfläche
W = Widerstandsmoment
I = Trägheitsmoment
i = Trägheitsradius

$z = \frac{2}{3} h$ = Hebelarm der inneren Kräfte

2.2 KANTHÖLZER □

b cm	h cm	A cm²	G kg/m	I_y cm⁴	W_y cm³	I_z cm⁴	W_z cm³	min i cm
6	6	36	2,16	108	36,0	108	36,0	1,73
6	8	48	2,88	256	64,0	144	48,0	1,73
6	10	60	3,60	500	100	180	60,0	1,73
6	12	72	4,32	864	144	216	72,0	1,73
6	14	84	5,04	1372	196	252	84,0	1,73
8	8	64	3,84	341	85	341	85,0	2,31
8	10	80	4,80	667	133	427	107	2,31
8	12	96	5,76	1150	192	512	128	2,31
8	14	112	6,72	1830	261	597	149	2,31
8	16	128	7,68	2730	341	683	171	2,31
8	18	144	8,64	3888	432	768	192	2,31
8	20	160	9,60	5330	533	853	213	2,31
10	10	100	6,00	833	167	833	167	2,89
10	12	120	7,20	1440	240	1000	200	2,89
10	14	140	8,40	2290	327	1170	233	2,89
10	16	160	9,60	3410	427	1330	267	2,89
10	18	180	10,8	4860	540	1500	300	2,89
10	20	200	12,0	6670	667	1670	333	2,89
10	22	220	13,2	8870	807	1830	367	2,89
12	12	144	8,64	1730	288	1730	288	3,46
12	14	168	10,1	2740	392	2020	336	3,46
12	16	192	11,5	4100	512	2300	384	3,46
12	18	216	12,9	5830	648	2590	432	3,46
12	20	240	14,4	8000	800	2880	480	3,46
12	22	264	15,8	10650	968	3170	528	3,46
12	24	288	17,3	13820	1150	3450	576	3,46
12	26	312	18,7	17570	1350	3740	624	3,46
13	16	208	12,5	4430	555	2930	451	3,76
13	18	234	14,0	6320	702	3300	507	3,76
14	14	196	11,7	3200	457	3200	457	4,04
14	16	224	13,4	4780	597	3660	523	4,04
14	18	252	15,1	6800	756	4120	588	4,04
14	20	280	16,8	9333	933	4570	653	4,04
x14	22	308	18,5	12420	1130	5030	719	4,04
x14	24	336	20,1	16130	1340	5490	784	4,04
x14	26	364	21,8	20510	1580	5950	849	4,04
x14	28	392	23,4	25610	1830	6400	915	4,04
16	16	256	15,3	5460	683	5460	683	4,62
x16	18	288	17,3	7780	864	6140	768	4,62
16	20	320	19,2	10670	1067	6830	853	4,62
16	22	352	21,1	14200	1290	7510	939	4,62
16	24	384	23,0	18430	1536	8190	1024	4,62
x16	26	416	25,0	23440	1800	8870	1110	4,62
16	28	448	26,8	29270	2090	9560	1190	4,62
x16	30	480	28,8	36000	2400	10240	1280	4,62
18	18	324	19,4	8750	972	8750	972	5,20
x18	20	360	21,6	12000	1200	9720	1080	5,20
18	22	396	23,7	15970	1450	10690	1188	5,20
18	24	432	25,9	20740	1730	11660	1296	5,20
x18	26	468	28,0	26360	2030	12640	1400	5,20
x18	28	504	30,2	32930	2350	13610	1510	5,20
x18	30	540	32,4	40500	2700	14580	1620	5,20
20	20	400	24,0	13330	1330	13330	1330	5,77
x20	22	440	26,4	17750	1610	14670	1470	5,77
x20	24	480	28,8	23040	1920	16000	1600	5,77
20	26	520	31,2	29290	2250	17330	1730	5,77
x20	28	560	33,6	36590	2610	18670	1870	5,77
x20	30	600	36,0	45000	3000	20000	2000	5,77
x22	22	484	29,0	19520	1770	19520	1770	6,35
x24	24	576	34,5	27650	2300	27650	2300	6,93

b cm	h cm	A cm²	G kg/m	I_y cm⁴	W_y cm³	I_z cm⁴	W_z cm³	min i cm
x26	26	676	40,5	38080	2930	38080	2930	7,51
x28	28	784	47,0	51220	3660	51220	3660	8,08
x30	30	900	54,0	67500	4500	67500	4500	8,66

Dachlatten

	b·h	A	G	I_y	W_y	I_z	W_z	min i
24/48 mm		11,5	0,69	22,1	9,21	5,53	4,60	0,69
30/50 mm		15,0	0,90	31,3	12,5	11,3	7,54	0,87
40/60 mm		24,0	1,44	72,0	24,0	32,0	16,0	1,15
50/80 mm		40,0	2,40	213	53,3	83,3	33,3	1,44

Die Gewichte G in der 4. Spalte beziehen sich auf Kiefer, Tannen, Fichten und Lärchen mit einer Rohdichte von je etwa ..... 600 kg/cbm

Die mit x bezeichneten Querschnittsabmessungen sind nicht genormt; nur in Ausnahmefällen sollen nicht genormte Abmessungen verwandt werden.

Trägheitsradius $i_y = 0{,}289 \, h$ $\left(= \sqrt{\frac{1}{12}} \cdot h\right)$

Trägheitsradius $i_z = 0{,}289 \, b$

2.3 RUNDHÖLZER ○

Durchm. d cm	A cm²	I cm⁴	W cm³	i cm	max λ = 150 bei s_K [m]
8	50,3	201	50,3	2,00	3,00
9	63,6	322	71,6	2,25	3,37
10	78,5	491	98,2	2,50	3,75
11	95,0	719	131	2,75	4,12
12	113	1020	170	3,00	4,50
13	133	1400	216	3,25	4,87
14	154	1890	269	3,50	5,25
15	177	2490	331	3,75	5,62
16	201	3220	402	4,00	6,00
17	227	4100	482	4,25	6,37
18	254	5150	573	4,50	6,75
19	284	6400	673	4,75	7,12
20	341	7850	785	5,00	7,50
21	346	9550	909	5,25	7,87
22	380	11500	1050	5,50	8,25
23	415	13740	1190	5,75	8,62
24	452	16290	1360	6,00	9,00
25	491	19170	1530	6,25	9,37
26	531	22430	1730	6,50	9,75
28	616	30170	2160	7,00	10,50
30	707	39760	2650	7,50	11,25
32	804	51470	3220	8,00	12,00
35	962	73660	4210	8,75	13,12
38	1130	102350	5390	9,50	14,25
40	1260	125700	6280	10,0	15,00
50	1960	306800	12270	12,5	18,75

Trägheitsradius $i = 0{,}25 \, d$

HOLZ — QUERSCHNITTSWERTE — H 2

2.4 BRETTSCHICHTHÖLZER (BS) mit b = 10 cm

Für andere Trägerbreiten b[cm] ermittelt man die Querschnittskennwerte A, I_y und W_y, indem man die tabellierten Werte mit b/10 multipliziert.

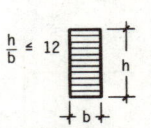

$\frac{h}{b} \leq 12$

Querschnitt cm	A cm²	i_y cm	I_y cm⁴	W_y cm³	Querschnitt cm	A cm²	i_y cm	I_y cm⁴	W_y cm³
10/ 32	320	9,24	27307	1707	10/152	1520	43,88	2926507	38507
10/ 34	340	9,81	32753	1927	10/154	1540	44,46	3043553	39527
10/ 36	360	10,39	38880	2160	10/156	1560	45,03	3163680	40560
10/ 38	380	10,97	45727	2407	10/158	1580	45,61	3286927	41607
10/ 40	400	11,55	53333	2667	10/160	1600	46,19	3413333	42667
10/ 42	420	12,12	61740	2940	10/162	1620	46,77	3542940	43740
10/ 44	440	12,70	70987	3227	10/164	1640	47,34	3675787	44827
10/ 46	460	13,28	81113	3572	10/166	1660	47,92	3811913	45927
10/ 48	480	13,86	92160	3840	10/168	1680	48,50	3951360	47040
10/ 50	500	14,43	104167	4167	10/170	1700	49,07	4094167	48167
10/ 52	520	15,01	117173	4507	10/172	1720	49,65	4240373	49307
10/ 54	540	15,59	131220	4860	10/174	1740	50,23	4390020	50460
10/ 56	560	16,17	146347	5227	10/176	1760	50,81	4543147	51627
10/ 58	580	16,74	162593	5607	10/178	1780	51,38	4699793	52807
10/ 60	600	17,32	180000	6000	10/180	1800	51,96	4860000	54000
10/ 62	620	17,90	198607	6407	10/182	1820	52,54	5023607	55207
10/ 64	640	18,48	218453	6827	10/184	1840	53,12	5191253	56427
10/ 66	660	19,05	239580	7260	10/186	1860	53,69	5362380	57660
10/ 68	680	19,63	262027	7707	10/188	1880	54,27	5537227	58907
10/ 70	700	20,21	285833	8167	10/190	1900	54,85	5715833	60167
10/ 72	720	20,78	311040	8640	10/192	1920	55,43	5898240	61440
10/ 74	740	21,36	337687	9127	10/194	1940	56,00	6084487	62727
10/ 76	760	21,94	365813	9627	10/196	1960	56,58	6274613	64027
10/ 78	780	22,52	395460	10140	10/198	1980	57,16	6468660	65340
10/ 80	800	23,09	426667	10667	10/200	2000	57,74	6666667	66667
10/ 82	820	23,67	459473	11207	10/202	2020	58,31	6868673	68007
10/ 84	840	24,25	493920	11760	10/204	2040	58,89	7074720	69360
10/ 86	860	24,83	530047	12327	10/206	2060	59,47	7284847	70727
10/ 88	880	25,40	567893	12907	10/208	2080	60,04	7499093	72107
10/ 90	900	25,98	607500	13500	10/210	2100	60,62	7717500	73500
10/ 92	920	26,56	648907	14107	10/212	2120	61,20	7940107	74907
10/ 94	940	27,14	692153	14727	10/214	2140	61,78	8166953	76327
10/ 96	960	27,71	737280	15360	10/216	2160	62,35	8398080	77760
10/ 98	980	28,29	784327	16007	10/218	2180	62,93	8633527	79207
10/100	1000	28,87	833333	16667	10/220	2200	63,51	8873333	80667
10/102	1020	29,44	884340	17340	10/222	2220	64,09	9117540	82140
10/104	1040	30,02	937387	18027	10/224	2240	64,66	9366187	83627
10/106	1060	30,60	992513	18727	10/226	2260	65,24	9619313	85127
10/108	1080	31,18	1049760	19440	10/228	2280	65,82	9876960	86640
10/110	1100	31,75	1109167	20167	10/230	2300	66,40	10139167	88167
10/112	1120	32,33	1170773	20907	10/232	2320	66,97	10405973	89707
10/114	1140	32,91	1234620	21660	10/234	2340	67,55	10677420	91260
10/116	1160	33,49	1300747	22427	10/236	2360	68,13	10953547	92827
10/118	1180	34,06	1369193	23207	10/238	2380	68,70	11234393	94407
10/120	1200	34,64	1440000	24000	10/240	2400	69,28	11520000	96000
10/122	1220	35,22	1513207	24807	10/242	2420	69,86	11810407	97607
10/124	1240	35,80	1588853	25627	10/244	2440	70,44	12105653	99287
10/126	1260	36,37	1666980	26460	10/246	2460	71,01	12405780	100860
10/128	1280	36,95	1747627	27307	10/248	2480	71,59	12710827	102507
10/130	1300	37,53	1830833	28167	10/250	2500	72,17	13020833	104167
10/132	1320	38,11	1916640	29040	10/252	2520	72,75	13335840	105840
10/134	1340	38,68	2005087	29927	10/254	2540	73,32	13655887	107527
10/136	1360	39,26	2096213	30827	10/256	2560	73,90	13981013	109227
10/138	1380	39,84	2190060	31740	10/258	2580	74,48	14311260	110940
10/140	1400	40,41	2286667	32667	10/260	2600	75,06	14646667	112667
10/142	1420	40,99	2386073	33607	10/262	2520	75,63	14987273	114407
10/144	1440	41,57	2488320	34560	10/264	2640	76,21	15333120	116160
10/146	1460	42,15	2593447	35527	10/266	2660	76,79	15684247	117927
10/148	1480	42,72	2701493	36507	10/268	2680	77,36	16040693	119707
10/150	1500	43,30	2812500	37500	10/270	2700	77,94	16402500	121500

Beachte: Träger sollten nicht schlanker sein, als $\frac{h}{b} = 12$

H 3 BEMESSUNG — HOLZ

3.1 BIEGUNG

3.1.1 Ablauf der Bemessung eines Holzträgers

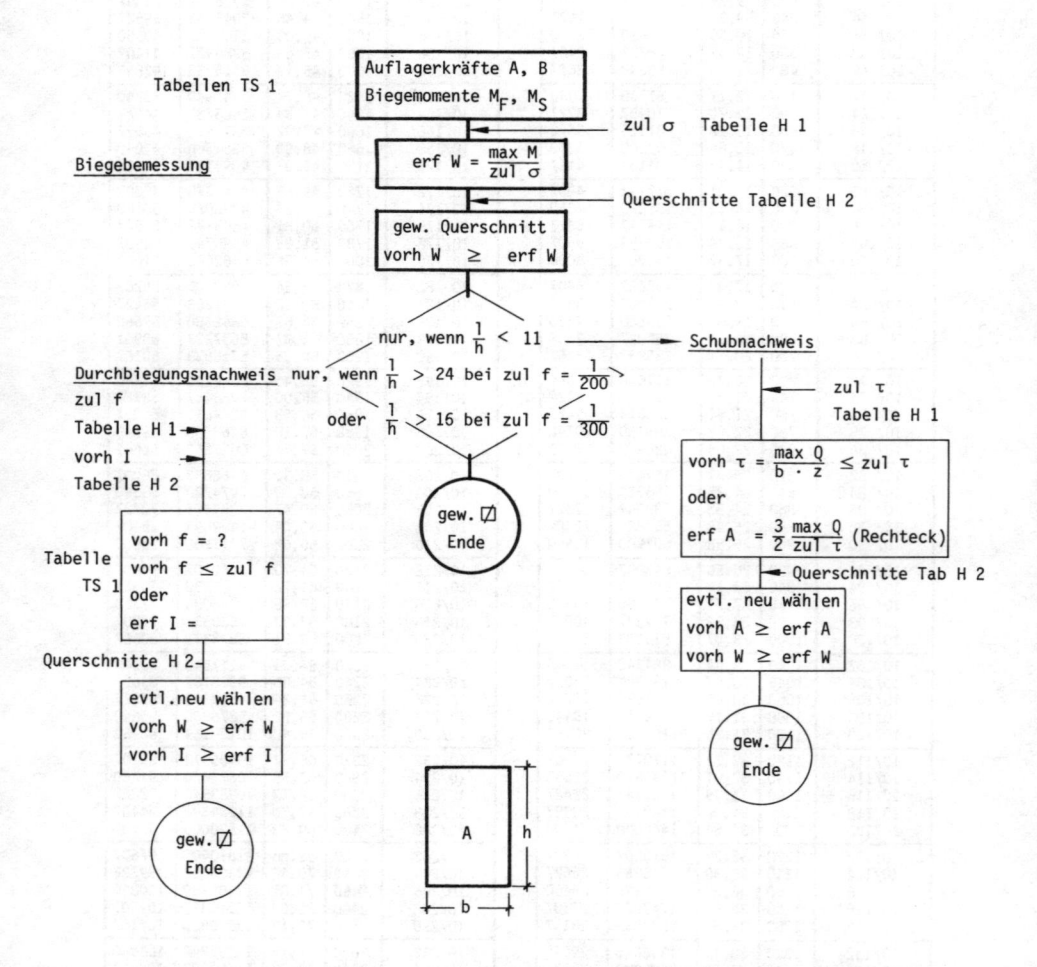

Biegebemessung

Tabellen TS 1 → Auflagerkräfte A, B; Biegemomente M_F, M_S

zul σ Tabelle H 1 → $\text{erf } W = \dfrac{\max M}{\text{zul } \sigma}$

Querschnitte Tabelle H 2 → gew. Querschnitt vorh $W \geq$ erf W

Verzweigung:
- nur, wenn $\dfrac{l}{h} < 11$ → **Schubnachweis**
- **Durchbiegungsnachweis** nur, wenn $\dfrac{l}{h} > 24$ bei zul $f = \dfrac{1}{200}$
  oder $\dfrac{l}{h} > 16$ bei zul $f = \dfrac{1}{300}$
- sonst: gew. ⌀ Ende

Durchbiegungsnachweis
zul f Tabelle H 1
vorh I Tabelle H 2

Tabelle TS 1:
- vorh f = ?
- vorh $f \leq$ zul f
- oder
- erf I =

Querschnitte H 2:
- evtl. neu wählen
- vorh $W \geq$ erf W
- vorh $I \geq$ erf I

→ gew. ⌀ Ende

Schubnachweis
zul τ Tabelle H 1

$\text{vorh } \tau = \dfrac{\max Q}{b \cdot z} \leq \text{zul } \tau$

oder

$\text{erf } A = \dfrac{3}{2} \dfrac{\max Q}{\text{zul } \tau}$ (Rechteck)

Querschnitte Tab H 2:
- evtl. neu wählen
- vorh $A \geq$ erf A
- vorh $W \geq$ erf W

→ gew. ⌀ Ende

(Querschnitt: A, mit Breite b und Höhe h)

Weitere Bemessungsregeln bei Querschnittsschwächungen durch Nagelung, Bohrung, Dübel, Versatz, Ausklinkung usw. s. DIN 1052 T 1.

HOLZ   BEMESSUNG   H 3

3.1.2 Formeln zur Biegebemessung

1. Einteilige Rechteckquerschnitte

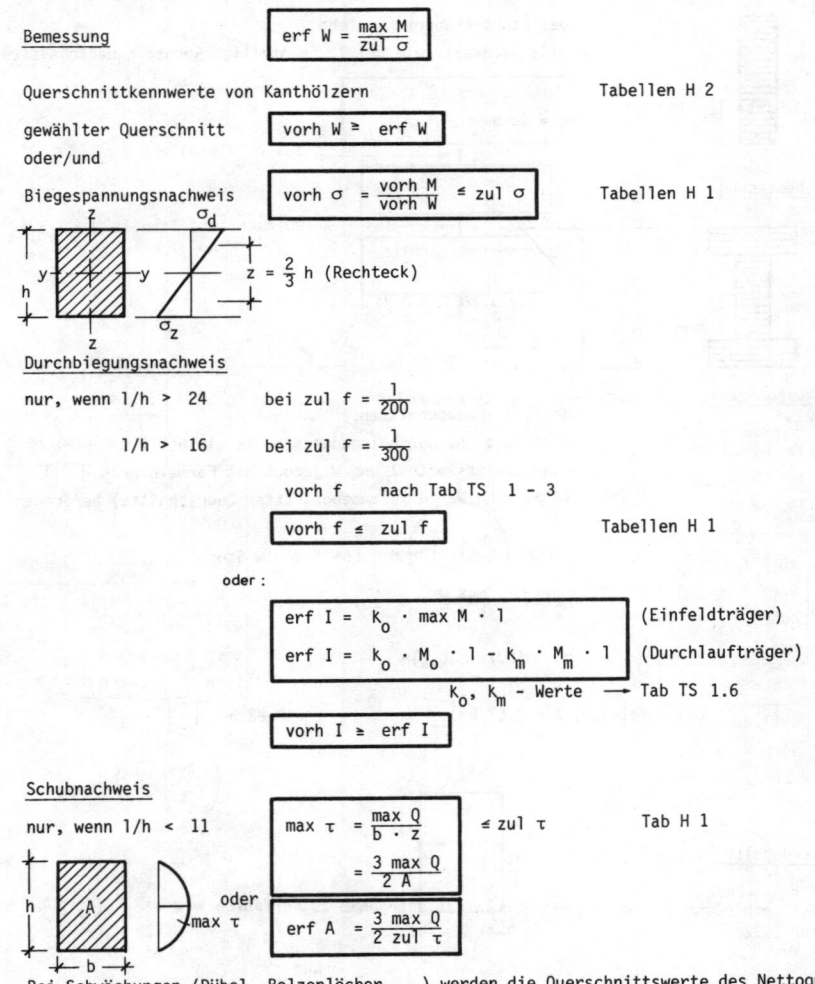

Bemessung

$$\text{erf } W = \frac{\max M}{\text{zul } \sigma}$$

Querschnittskennwerte von Kanthölzern   Tabellen H 2

gewählter Querschnitt $\text{vorh } W \geq \text{erf } W$
oder/und

Biegespannungsnachweis $\text{vorh } \sigma = \frac{\text{vorh } M}{\text{vorh } W} \leq \text{zul } \sigma$ Tabellen H 1

$z = \frac{2}{3} h$ (Rechteck)

Durchbiegungsnachweis

nur, wenn $l/h > 24$ bei $\text{zul } f = \frac{1}{200}$

$l/h > 16$ bei $\text{zul } f = \frac{1}{300}$

vorh f   nach Tab TS 1 - 3

$\text{vorh } f \leq \text{zul } f$ Tabellen H 1

oder :

$\text{erf } I = k_o \cdot \max M \cdot l$ (Einfeldträger)

$\text{erf } I = k_o \cdot M_o \cdot l - k_m \cdot M_m \cdot l$ (Durchlaufträger)

k_o, k_m - Werte ⟶ Tab TS 1.6

$\text{vorh } I \geq \text{erf } I$

Schubnachweis

nur, wenn $l/h < 11$

$$\max \tau = \frac{\max Q}{b \cdot z} \leq \text{zul } \tau \quad \text{Tab H 1}$$

$$= \frac{3 \max Q}{2 A}$$

oder

$$\text{erf } A = \frac{3 \max Q}{2 \text{ zul } \tau}$$

Bei Schwächungen (Dübel, Bolzenlöcher ...) werden die Querschnittswerte des Nettoquerschnitts verwandt.

2. Verleimte Querschnitte

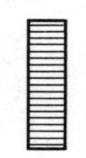

Bei Rechteckquerschnitten:
alle Nachweise wie bei 1. (einteilige Rechteckquerschnitte)

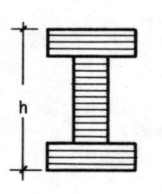

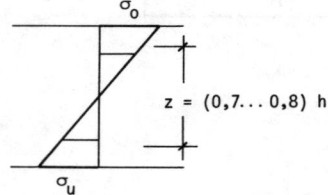

$h \leq 12\, b$

Bei I-Querschnitten:
Bemessung und Durchbiegungsnachweis wie bei 1.
Querschnittswerte I und W jedoch mit Formeln nach H 2.1
(Statische Werte zusammengesetzter Querschnitte) berechnen.

$z = (0,7 \dots 0,8)\, h$

Schubnachweis für die Leimfuge im Steg

$$\max \tau = \frac{\max Q}{b \cdot z} \leq \text{zul } \tau \quad \text{mit}$$

$z \sim (0,7 \dots 0,8)\, h$

Zum Vergleich: $z = 0,67\, h$ ▢ $z = 0,88\, h$ ⊥

3. Vernagelte Träger

Bei Verbindung der Balken mit Nägeln ist sinngemäß zu verfahren wie bei 4 (Verdübelter Balken).

HOLZ   BEMESSUNG   H 3

4. Verdübelte Balken

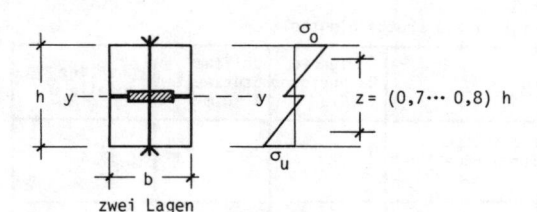

zwei Lagen

$z = (0{,}7 \cdots 0{,}8)\,h$

Nach der gültigen Vorschrift (DIN 1052) sind wesentlich umfangreichere Untersuchungen anzustellen. Die im folgenden angegebenen Nachweise sind für den Entwurf des Tragwerks jedoch hinreichend genau.

Wegen der Nachgiebigkeit der Verbindungsmittel (Dübel, Nägel) ist für den Biegespannungsnachweis und für den Durchbiegungsnachweis mit abgeminderten statischen Werten zu rechnen:

I_w = abgemindertes (wirksames) Trägheitsmoment
W_w = abgemindertes (wirksames) Widerstandsmoment

bei zwei Lagen: $I_w \approx (0{,}70 \text{ bis } 0{,}50) \cdot \dfrac{b \cdot h^3}{12}$ $W_w \approx (0{,}75 \text{ bis } 0{,}60) \cdot \dfrac{b \cdot h^2}{6}$

bei drei Lagen: $I_w \approx (0{,}65 \text{ bis } 0{,}40) \cdot \dfrac{b \cdot h^3}{12}$ $W_w \approx (0{,}70 \text{ bis } 0{,}50) \cdot \dfrac{b \cdot h^2}{6}$

Mehr als drei Lagen dürfen nicht in Rechnung gestellt werden.
In diesen abgeminderten Werten I_w und W_w sind die Verschiebungen der Dübel etc. und die Schwächungen des Querschnitts durch Dübel und Bolzenlöcher berücksichtigt.

Biegespannungsnachweis: $\boxed{\text{vorh } \sigma = \dfrac{\text{vorh } M}{\text{vorh } W_w} \leqq \text{zul } \sigma}$

Durchbiegungsnachweis: $\boxed{\text{vorh } I_w \geqq \text{erf } I}$ → siehe Tab H 2

Schubnachweis:

Die in den Anschlußfugen aus den maximalen Schubspannungen resultierenden Schubkräfte sind durch Dübel aufzunehmen. Die Verbindungsmittel werden in der Regel unabhängig vom Verlauf der Querkraftlinie gleichmäßig über die Trägerlänge angeordnet.

Schubspannung
(für eine gedachte kontinuierliche Verbindung) $\boxed{\text{vorh } \tau = \dfrac{\max Q}{b \cdot z}}$ $z \approx (0{,}7 \cdots 0{,}8)\,h$

Abstand der Verbindungsmittel $\boxed{e = \dfrac{\text{zul } N}{\text{vorh } \tau \cdot b}}$ [cm]   zul N = zul Belastung der in einer Querreihe liegenden Verbindungsmittel (z.B. Dübel)

zul e siehe Tab H 4   → siehe Tab H 4

H 3 BEMESSUNG — HOLZ

3.1.3 Anhaltswerte für Konstruktionshöhen von Holzträgern

Bindersysteme mit Achsabstand e = 4 bis 10 m aus Brettschichtholz

Statisches System	Bezeichnung	Geeignete Dachneigung in Grad	übliche Stützweiten l in m	Höhen der Bauteile h
	Träger auf 2 Stützen (Einfeld-Biegeträger)	0	10 - 30	$h \sim \frac{1}{17} \cdot l$
	Träger auf mehreren Stützen (Mehrfeld-Durchlaufträger)	0	10 - 25	$h \sim \frac{1}{20} \cdot l$
	Satteldachförmiger Biegeträger (mit gerader oder angehobener Unterkante)	3 - 15	10 - 30	$h_1 \sim \frac{1}{16} \cdot l$ $h_2 \sim \frac{1}{30} \cdot l$
	Fachwerkträger (mit Stäben aus Brettschichtholz)	0	30 - 60	$h \sim \frac{1}{13} \cdot l$
	Kragbinder (mit Einspannung im Fußpunkt)	0 - 10	5 - 15	$h \sim \frac{1}{10} \cdot l$
	Zweigelenk- oder Dreigelenk-Stabzug (mit Zugband oder Widerlager)	12	15 - 50	$h \sim \frac{1}{18} \cdot s$ bis $\frac{1}{20} \cdot s$
	Zweigelenk- oder Dreigelenk-Bogen (mit Zugband oder Widerlager)	$f \geq 0{,}135 \cdot l$	20 - 100	$h \sim \frac{1}{50} \cdot l$
	Zweigelenk- oder Dreigelenk-Rahmen	0 - 60	15 - 60	$h \sim \frac{1}{15} \cdot (s_o + s_u)$ bis $\frac{1}{20} \cdot (s_o + s_u)$
	Mehrfeld-Rahmen	0 - 15	10 - 25	$h \sim \frac{1}{20} \cdot l$

Quelle: Informationsdienst Holz

HOLZ BEMESSUNG H 3

Sparren- und Pfettensysteme für Dächer mit Achsabstand e = 0,7 bis 1,5 m					
Statisches System	Bezeichnung	übliche Stützweiten l in m	Höhen der Bauteile h
	Pfetten als Einfeldträger		
	Vollholz	≤ 6	$\frac{1}{25} - \frac{1}{30}$
	Brettschichtholz	5 - 15	$\frac{1}{20} - \frac{1}{25}$
	DSB, Trigonit, Wellsteg	5 - 12	$\frac{1}{15} - \frac{1}{18}$
	Pfetten als Durchlaufträger oder Gelenkträger		
	Vollholz	5 - 7,5	$\frac{1}{30} - \frac{1}{35}$
	Brettschichtholz	5 - 15	$\frac{1}{25} - \frac{1}{30}$
	DSB, Trigonit, Wellsteg	5 - 12	$\frac{1}{18} - \frac{1}{22}$
	Sparrendach mit Decke als Zugband		
	Vollholz	$s \leq 6$	$\frac{s}{28} - \frac{s}{25}$
	DSB, Trigonit, Wellsteg	$s \leq 12$	$\frac{s}{18} - \frac{s}{20}$
	Kehlbalkendach mit Decke als Zugband oder Widerlager		
	Vollholz	$s \leq 8$	$\frac{s}{28} - \frac{s}{32}$
	DSB, Trigonit, Wellsteg	$s \leq 12$	$\frac{s}{20} - \frac{s}{22}$
	Dreiecksfachwerk aus Brettern (Nägel) oder Kanthölzern (Dübel)	6 - 20	$\frac{1}{4} - \frac{1}{8}$
	Parallelfachwerk aus Brettern (Nagelplatten) oder Kanthölzern (Dübel)	6 - 20	$\frac{1}{6} - \frac{1}{12}$
Balkensysteme für Decken mit Achsabstand = 0,7 bis 1,0 m			
	Einfeldträger		
	Vollholz	≤ 6	$\frac{1}{20} - \frac{1}{23}$
	Brettschichtholz	5 - 15	$\frac{1}{18} - \frac{1}{22}$
	Durchlaufträger oder Gelenkträger		
	Vollholz	5 - 7,5	$\frac{1}{25} - \frac{1}{30}$
	Brettschichtholz	5 - 15	$\frac{1}{20} - \frac{1}{25}$

H 3 BEMESSUNG — HOLZ

3.2 LÄNGSKRAFT

3.2.1 Zulässige Spannungen kN/cm² (N/mm²)

	Nadelhölzer (europ.)			Brettschichtholz (aus europ. Nadel- hölzern verleimt)		Eiche Buche
	Güteklasse			Güteklasse		mittl. Güte
	III	II	I	II	I	
Druck zul $\sigma_{D\parallel}$	0,6 (6)	0,85 (8,5)	1,10 (11)	0,85 (8,5)	1,10 (11)	1,0 (10)
Druck zul $\sigma_{D\perp}$	0,2 (2)	0,20 (2)	0,20 (2)	0,20 (2)	0,20 (2)	0,3 (3)
Zug zul σ_Z	-	0,85 (8,5)	1,05 (10,5)	0,85 (8,5)	1,05 (10,5)	1,0 (10)

Bei Rundhölzern Erhöhung der zul Druckspannungen $\sigma_{D\parallel}$ um 20 % zulässig.
Im Lastfall HZ können die zulässigen Spannungen um 25 % erhöht werden.

Mindestquerschnitte:

Tragende, einteilige Querschnitte von Holzbauteilen müssen eine Mindestdicke von 2,4 cm und mindestens 14 cm² Querschnittsfläche haben (soweit nicht durch Verbindungsmittel eine größere Dicke erforderlich ist).

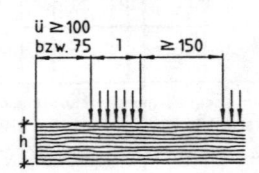

Bei Druck rechtwinklig zur Faserrichtung muß der Überstand ü von Trägern und Schwellen über die Druckfläche in Faserrichtung einseitig bzw. beiderseits mindestens 100 mm bei h > 60 mm und mindestens 75 mm bei h ≤ 60 mm betragen. Zwischen zwei Druckflächen ist ein Abstand von mindestens 150 mm einzuhalten.
Sofern die Überstände unterschritten werden, sind die zulässigen Spannungen mit $k_{D\perp} = 0,8$ abzumindern.
Bei Druckflächen mit einer Länge l in Faserrichtung < 150 mm darf die zulässige Druckspannung mit dem Faktor

$$k_{D\perp} = \sqrt[4]{\frac{150}{l}}$$

vervielfacht werden (l Länge der Druckfläche in mm), höchstens jedoch mit $k_{D\perp} = 1,8$.

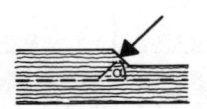

Zulässige Druckspannungen in kN/cm² bei schrägem Kraftangriff

$$\text{zul } \sigma_{D\sphericalangle} = \text{zul } \sigma_{D\parallel} - (\text{zul } \sigma_{D\parallel} - \text{zul } \sigma_{D\perp}) \sin \alpha$$

3.2.2 Knickberechnung für einteilige Holzstützen (rechteckige, runde und beliebige Querschnitte)
Ablauf wie bei Stahl Tab St 3.2

$$\text{zul } N = \frac{\text{vorh } A \cdot \text{zul } \sigma}{\omega} \quad \text{oder} \quad \sigma = \frac{\text{vorh } N \cdot \omega}{\text{vorh } A} \leq \text{zul } \sigma$$

Querschnitte und Querschnittswerte siehe Tabellen H 2
Knickzahlen ω siehe nächste Seite

Schlankheit: $\lambda = \frac{s_k}{\min i} = 3{,}46 \cdot \frac{s_k}{\min d} \leq 150$ bei

$\min i = 0{,}289 \cdot \min d$ bei Rechteckquerschnitten
$\quad\quad\quad\; 0{,}25 \cdot d$ bei Rundquerschnitten

$\min i = \sqrt{\frac{\min I}{\text{vorh } A}}$ bei beliebigen Querschnitten z.B.

HOLZ   BEMESSUNG   H 3

3.2.3 Knickzahlen ω für Bauholz (Vollholz, für BSH ähnliche Werte)

λ	0	1	2	3	4	5	6	7	8	9
0	1,00	1,00	1,01	1,01	1,02	1,02	1,02	1,03	1,03	1,04
10	1,04	1,04	1,05	1,05	1,06	1,06	1,06	1,07	1,07	1,08
20	1,08	1,09	1,09	1,10	1,11	1,11	1,12	1,13	1,13	1,14
30	1,15	1,16	1,17	1,18	1,19	1,20	1,21	1,22	1,24	1,25
40	1,26	1,27	1,29	1,30	1,32	1,33	1,35	1,36	1,38	1,40
50	1,42	1,44	1,46	1,48	1,50	1,52	1,54	1,56	1,58	1,60
60	1,62	1,64	1,67	1,69	1,72	1,74	1,77	1,80	1,82	1,85
70	1,88	1,91	1,94	1,97	2,00	2,03	2,06	2,10	2,13	2,16
80	2,20	2,23	2,27	2,31	2,35	2,38	2,42	2,46	2,50	2,54
90	2,58	2,62	2,66	2,70	2,74	2,78	2,82	2,87	2,91	2,95
100	3,00	3,06	3,12	3,18	3,24	3,31	3,37	3,44	3,50	3,57
110	3,63	3,70	3,76	3,83	3,90	3,97	4,04	4,11	4,18	4,25
120	4,32	4,39	4,46	4,54	4,61	4,68	4,76	4,84	4,92	4,99
130	5,07	5,15	5,23	5,31	5,39	5,47	5,55	5,63	5,71	5,80
140	5,88	5,96	6,05	6,13	6,22	6,31	6,39	6,48	6,57	6,66
150	6,75	6,84	6,93	7,02	7,11	7,21	7,30	7,39	7,49	7,58
160	7,68	7,78	7,87	7,97	8,07	8,17	8,27	8,37	8,47	8,57
170	8,67	8,77	8,88	8,98	9,08	9,19	9,29	9,40	9,51	9,61
180	9,72	9,83	9,94	10,05	10,16	10,27	10,38	10,49	10,60	10,72
190	10,83	10,94	11,06	11,17	11,29	11,41	11,52	11,64	11,76	11,88
200	12,00	12,12	12,24	12,36	12,48	12,61	12,73	12,85	12,98	13,10
210	13,23	13,36	13,48	13,61	13,74	13,87	14,00	14,13	14,26	14,39
220	14,52	14,65	14,79	14,92	15,05	15,19	15,32	15,46	15,60	15,73
230	15,87	16,01	16,15	16,29	16,43	16,57	16,71	16,85	16,99	17,14
240	17,28	17,42	17,57	17,71	17,86	18,01	18,15	18,30	18,45	18,60
250	18,75	-	-	-	-	-	-	-	-	-

▼ einteilige Druckstäbe
▼ mehrteilige Druckstäbe
▼ fliegende Bauten

für Laubholz und Furniersperrholz, Flachpreßplatten gelten andere, jedoch ähnliche ω- Werte.

3.2.4 Beispiele

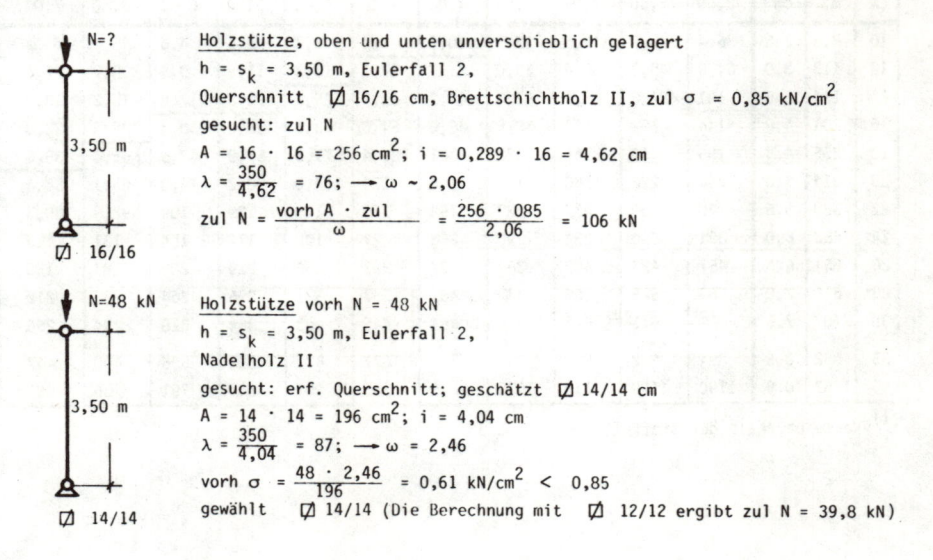

N=?
3,50 m
□ 16/16

Holzstütze, oben und unten unverschieblich gelagert
h = s_k = 3,50 m, Eulerfall 2,
Querschnitt □ 16/16 cm, Brettschichtholz II, zul σ = 0,85 kN/cm^2
gesucht: zul N
A = 16 · 16 = 256 cm^2; i = 0,289 · 16 = 4,62 cm
λ = $\frac{350}{4,62}$ = 76; → ω ~ 2,06
zul N = $\frac{\text{vorh A · zul } \sigma}{\omega}$ = $\frac{256 \cdot 085}{2,06}$ = 106 kN

N=48 kN
3,50 m
□ 14/14

Holzstütze vorh N = 48 kN
h = s_k = 3,50 m, Eulerfall 2,
Nadelholz II
gesucht: erf. Querschnitt; geschätzt □ 14/14 cm
A = 14 · 14 = 196 cm^2; i = 4,04 cm
λ = $\frac{350}{4,04}$ = 87; → ω = 2,46
vorh σ = $\frac{48 \cdot 2,46}{196}$ = 0,61 kN/cm^2 < 0,85
gewählt □ 14/14 (Die Berechnung mit □ 12/12 ergibt zul N = 39,8 kN)

H 3 BEMESSUNG — HOLZ

3.2.5 Zulässige Lasten für einteilige Holzstützen

zul. N in [kN] von quadratischen Holzstützen aus Nadelholz
- Güteklasse II - zul. $\sigma_{D\parallel} = 0{,}85$ kN/cm²

b=d cm	A cm²	i cm	\multicolumn{10}{c}{Knicklänge s_k in m}
			2,00	2,50	3,00	3,50	4,00	4,50	5,00	5,50	6,00	6,50	7,00
10	100	2,89	45,7	34,8	26,3	19,4	14,8	11,7	9,5	7,8	6,6	5,6	4,5
12	144	3,46	77,5	62,8	50,0	39,8	30,4	24,1	19,4	16,1	13,6	11,6	9,9
14	196	4,04	118	99,8	82,9	68,1	56,5	44,8	36,1	29,9	25,2	21,5	18,5
16	256	4,62	166	145	125	106	89,3	75,3	62,0	51,2	43,1	36,7	31,7 [1]
18	324	5,20	220	199	175	152	131	113	97,3	81,7	68,9	58,8	50,5
20	400	5,77	283	259	233	209	183	160	139	121	105	89,7	77,0
22	484	6,35	352	329	300	270	243	215	191	168	149	131	113
24	576	6,39	430	404	374	343	312	282	251	224	200	179	160
26	676	7,51	508	487	456	423	387	355	321	290	261	236	212
28	784	8,08	600	574	546	508	472	433	399	364	332	300	272
30	900	8,66	699	671	638	608	567	524	485	447	411	375	343

[1] Werte oberhalb der Staffellinie $\lambda > 150$

zul. N in [kN] von Rundholzstützen aus Nadelholz
- Güteklasse II - zul. $\sigma_D = 1{,}2 \cdot 0{,}85$ kN/cm² (bei Rundhölzern)

∅ cm	A cm²	i cm	\multicolumn{10}{c}{Knicklänge s_k in m}
			2,00	2,50	3,00	3,50	4,00	4,50	5,00	5,50	6,00	6,50	7,00
10	78,5	2,5	36,4	26,7	18,5	13,7	10,4	8,2	6,7	5,5	4,6		
12	113	3,0	64,5	49,8	38,4	28,0	21,7	17,1	13,8	11,5	9,6	8,2	7,0
14	154	3,5	101	81,8	65,2	52,3	40,2	31,7	25,7	21,2	17,8	15,2	13,1
16	201	4,0	144	122	101	82,6	68,3	54,0	43,8	36,1	30,3	25,9	22,3
18	255	4,5	196	169	145	122	102	86,4	71,3	57,9	48,6	41,4	35,8 [1]
20	314	5,0	254	226	198	170	146	124	107,0	88,2	74,0	63,1	54,4
22	380	5,5	320	290	257	227	198	172	148	129	109	92,9	80,3
24	452	6,0	391	360	334	290	258	227	198	174	154	131	113
26	531	6,5	467	433	402	362	327	292	258	229	202	181	155
28	616	7,0	557	525	488	447	407	367	331	296	264	236	212
30	707	7,5	639	611	572	530	484	445	403	364	328	294	265
35	962	8,8	894	862	825	780	708	677	631	582	535	490	447
40	1257	10,0	1190	1150	1110	1070	1015	963	902	843	791	736	681

[1] Werte oberhalb der Staffellinie $\lambda > 150$

HOLZ   BEMESSUNG   H 3

3.2.6 Beispiele für mehrteilige Stützen als Rahmen- oder Gitterstäbe

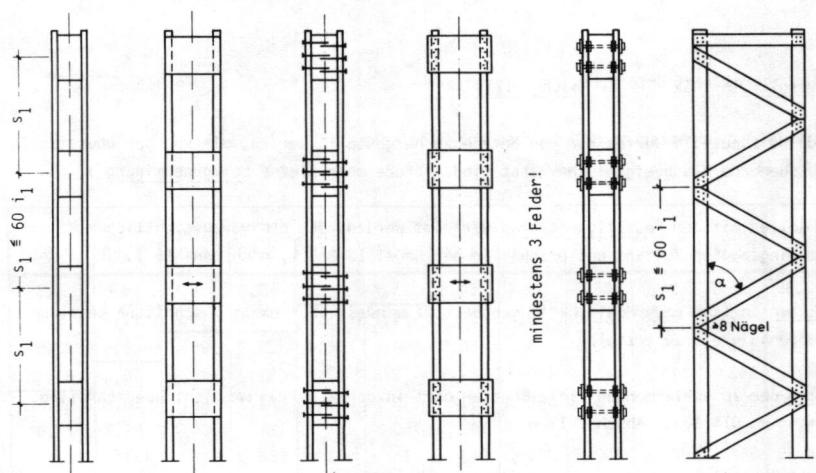

a) Zwischen-   b) Bindehölzer   c) Zwischen-   d) Bindehölzer   e) Zwischen-   f) Gitterstab
hölzer   geleimt   hölzer   genagelt   hölzer
geleimt   genagelt   gedübelt

← Faserrichtung der Bindehölzer →

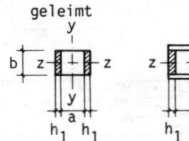

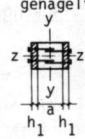

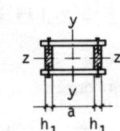

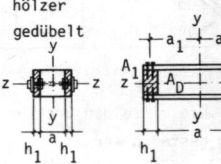

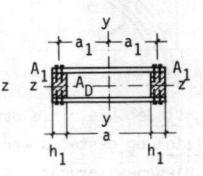

Die Wahl des Querschnitts sollte so erfolgen, daß λ_y und λ_z ungefähr gleich sind. Diese Forderung ist erfüllt, wenn bei $s_{ky} = s_{kz}$ die Querschnitte der folgenden Tabelle gewählt werden.

$\frac{h_1}{b}$ -Werte, für die $i_{wy} \approx i_{wz}$

Art der Querverbindungen	Verbindungs- mittel	Anzahl der Felder		
		3	4	5
Zwischenhölzer für $\frac{a}{h_1}$ = 1,0 bis 3,0	Leim	0,43	0,38	0,34
	Dübel	0,59	0,48	0,42
	Nägel	0,64	0,52	0,44
Bindehölzer für $\frac{a}{h_1}$ = 3,0 bis 6,0	Leim	0,60	0,46	0,38
	Nägel	0,70	0,53	0,43

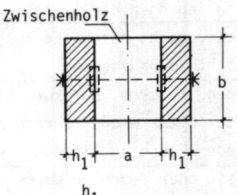

zul $N_{[][]} = 2 \cdot \frac{h_1}{b}$ zul $N_{\boxtimes}$

Die aufnehmbare Normalkraft einer so entworfenen zweiteiligen Stütze ist gleich der $2 \cdot \frac{h_1}{b}$ - fachen zul. Kraft der quadratischen Holzstützen b · b (siehe vorige Seite.).

Beispiel: vorh N = 200 kN; s_k = 4,00, verdübelte Zwischenhölzer

$\frac{h_1}{b}$ = 0,59 (bei drei Feldern)

zul $N_{[][]} \geq 200 = 2 \cdot \frac{h_1}{b} \cdot$ zul $N_{\boxtimes}$ = 1,18 · zul $N_{\boxtimes}$

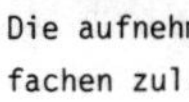

zul $N_{\boxtimes} \geq \frac{200}{1,18}$ = 170 kN ⟶ b = 20 h_1 = 0,59 · 20 = 11,8

12/20   gew: 2 ▢ 20/12   zul N = 1,18 · 183 = 215 kN

a = 12 ··· 36 cm

LEIM (vergl. DIN 1052 T 1, Abschn. 12)

Tragende Holzbauteile dürfen nur von Betrieben hergestellt werden, die von der obersten Bauaufsichtsbehörde als geeignet anerkannt sind. (Große oder kleine Leimgenehmigung.)

Hölzer sollen mit dem Feuchtigkeitsgrad verleimt werden, der dem voraussichtlichen Mittelwert im eingebauten Zustand entspricht; in der Regel 12 ± 3 %, höchstens 15 %.

Leimflächen sollten nach Möglichkeit gehobelt, zumindest aber exakt geschnitten sein, um gute Paßgenauigkeit zu erzielen.

Die Dicke der zu verleimenden Einzelbretter darf in der Regel 33 mm nicht überschreiten. Ausnahmen s. DIN 1052, Abschn. 12.6.

Gekrümmte Bauteile:

$r \geq 200\ a$
In Ausnahmefällen $r \geq 150\ a$
(s. DIN 1052, Abschn. 12.6)

Längsstöße: Die einzelnen Bretter können durch Keilzinkung gestoßen werden.
Bei biegebeanspruchten Brettschichtträgern
müssen die oberen und die unteren Lagen, mindestens je 2 Brettlagen und je $\geq \frac{1}{5}$ Trägerhöhe, aus ungestoßenen oder keilverzinkten Brettern bestehen. Die Bretter der übrigen Lagen dürfen stumpf gestoßen werden, Stöße um ≥ 50 cm versetzt.

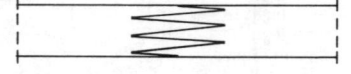

Leime müssen nach DIN 68 141 geprüft sein. Je nach Umweltbedingungen sind geeignet:

Umweltbedingungen der Bauteile	Leimarten
Oberdacht, nicht der Nässe ausgesetzt, auch nicht im Bauzustand	Thermoplastische Kunstharzleime
Vorwiegend trocken, nur kurzzeitig und nicht öfter wiederkehrend der Nässe oder Feuchtigkeit ausgesetzt.	Kunstharzleime auf Basis Harnstoff-Formaldehyd oder Resocinformaldehyd
Der Nässe oder feuchter Wärme ausgesetzt.	Kunstharzleime, Basis Resocinformaldehyd

Auf Verträglichkeit der Leime mit Holzschutzmitteln ist zu achten (DIN 52 179). Holzschutzmittel möglichst erst nach Aushärten des Leims aufbringen.

Die zulässigen Spannungen für Leimfugen ($\tau = 0,09$ kN/cm^2 und $\tau = 0,12$ kN/cm^2) sind in die zulässigen Spannungen für Brettschichtholz eingearbeitet.

HOLZ KONSTRUKTION H 4

NÄGEL
DIN 1052 T 2
Abschn. 6

Holzdicken, Nagelabmessungen und zul. Nagelbelastung je Nagel und Scherfläche in kN:

Größe der Nägel $d_n \times l_n$	Geringste Holzdicke bei Nagelung		Mindesteinschlagtiefe s		zul. Nagelbelastung N_1 je Schnitt		
	ohne vorbohren	mit vorbohren	einschnittig	zweischnittig	Nadelholz		bei Eiche u. Buche stets vorbohren
					ohne vorbohren	mit vorbohren	
mm	mm	mm	mm	mm	kN	kN	kN
22 x 45	24	24	27	18	0,20	0,25	0,30
22 x 50	20	20					
25 x 55	24	24	30	20	0,25	0,31	0,37
25 x 60	20	20					
28 x 65	24	24	34	23	0,30	0,375	0,45
	20	20					
31 x 65	24	24	38	25	0,375	0,46	0,56
31 x 70	20	20					
31 x 80							
34 x 90	24	24	41	27	0,43	0,54	0,65
	22	22					
38 x 100	24	24	46	30	0,525	0,65	0,78
42 x 100	26	26	51	34	0,625	0,775	0,93
46 x 130	30	28	56	37	0,725	0,905	1,09
55 x 140	40	35	66	44	0,975	1,22	1,46
55 x 160							
60 x 180	50	35	72	48	1,12	1,40	1,69
70 x 210	60	45	84	56	1,45	1,80	2,17
75 x 230	70	45	90	60	1,60	2,00	2,40
80 x 260	75	50	96	64	1,78	2,22	2,67
90 x 310	90	55	108	72	2,13	2,66	3,20

Größe der Nägel:
d_n: ∅ in 1/10 mm
l_n: Länge in mm

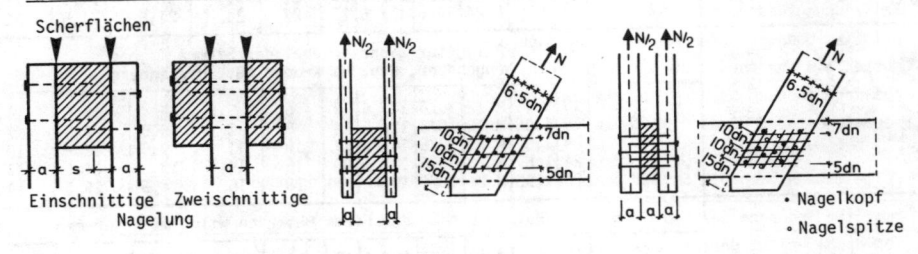

Scherflächen

Einschnittige Nagelung   Zweischnittige Nagelung

• Nagelkopf
• Nagelspitze

Als kleinste <u>Nagelabstände</u> im dünnsten Holz gelten bei vorgesetzt angeordneten Nägeln folgende Abstände: (d_n = Durchmesser des Nagels)

		nicht vorgebohrt	vorgebohrt	
untereinander	∥ der Faserrichtung	10 d_n		
		12 d_n *	5 d_n	
	⊥ zur Faserrichtung	5 d_n	5 d_n	
vom beanspruchten Rand	∥ der Faserrichtung	15 d_n	10 d_n	
	⊥ zur Faserrichtung	7 d_n		
		10 d_n *	5 d_n	bei d_n > 4,2 mm
vom unbeanspruchten Rand	∥ der Faserrichtung	7 d_n		
		10 d_n *	5 d_n	
	⊥ zur Faserrichtung	5 d_n	3 d_n	*

Sind beim Stoß oder Anschluß von Zuggliedern mehr als 10 Nägel hintereinander angeordnet, so müssen die zulässigen Nagelbelastungen um 10 %, bei mehr als 20 Nägeln um 20 % ermäßigt werden.

KONSTRUKTION — HOLZ

H 4

DÜBEL besonderer Bauart (Beispiele)			Abmessungen der Dübel			Bolzendurchmesser	Mindestabmessung der Hölzer in cm bei 1 Dübelreihe, Neigung der Kraftrichtung zur Faser	Mindestdübelabstand und Vorholzlänge e in cm bei 1 Dübelreihe	Zulässige Belastung eines Dübels in kN — Neigung der Kraftrichtung zur Faser				
									0 + 30°			>30+60°	>60+90°
									Zahl der in der Kraftrichtung hintereinanderliegenden Dübel				
			Außendurchmesser D mm	Höhe h mm	Dicke d mm		0+30°	>30 +90	1 u. 2	3 u. 4	5 u. 6	1 und mehr	1 und mehr
Schnitt A - B		Geschlitzter Tuchscherer Ringdübel	**Ringdübel-System Tuchscherer d. F. Bauuntern. Carl Tuchscherer**										
			90	20	5	M 12	12/6	14/ 6	13	12	11	9,5	10,5	9,5
			110	26	5	M 12	14/6	17/ 6	17	16	14	13	14	12.5
			130	29	5	M 16	17/6	20/ 6	20	20	18	16	17	14,5
			153¹⁾	32	6,5	M 16	19/6	23/ 6	25	28	25	22,5	23,5	19,5
			173²⁾	36	6,5	M 16	21/8	25/ 8	30	38	34	30,5	31,5	25
			196²⁾	39	8	M 20	24/8	29/ 8	31	43	38	34,5	35	27
			216²⁾	42	8	M 20	26/8	31/ 8	33	48	43	38,5	38,5	29
Schnitt A - B		GEKA-Verbinder	**Geka-Holzverbinder der Firma Karl Georg in Gross-Umstadt (Hessen)**										
			50	27	3	M 12	10/4	10/ 4	12	8	7	6,5	7,5	7
			65	27	3	M 16	10/4	11/ 4	14	11	10	9	11	10
			80	27	3	M 20	11/5	13/ 5	17	17	15	13,5	16	14,5
			95	27	3	M 22	12/6	14/ 6	20	21	19	17	19,5	17,5
			115	27	3	M 24	14/6	17/ 6	23	27	24	21,5	24,5	21,5
Schnitt A - B		Zahnringdübel Alligator	**Alligator-Zahnringdübel der Firmen A.W. Neugebauer, Hbg. u. Kromag AG., Hirtenberg**										
			55	19	1,45	M 12	10/4	10/ 4	12	6	5,5	5	5,5	5,5
			70	19	1,45	M 16	10/5	12/ 5	14	8	7	6,5	7,5	7
			95	24	1,5	M 20	12/6	14/ 6	17	12	11	9,5	11	10
			115	24	1,5	M 22	15/8	18/ 8	20	16	14,5	13	14,5	13
			125	29	1,65	M 24	16/8	19/ 8	23	18	16	14,5	15,5	14,5
Schnitt A - B		Bulldog-Verbinder Quadratisch mit doppelseitiger Außen- und Innenzahnung / rund mit doppelseitiger Außenzahnung	**Bulldog-Holzverbinder der Firma Heinrich Wilhelmi in Bremen**										
			50	10	1,3	M 12	10/4	10/ 4	12	5	4,5	4	4,5	4,5
			62	17	1,3	M 12	10/4	11/ 4	12	7	6,5	5,5	6,5	6
			75	19	1,3	M 16	10/5	12/ 5	14	9	8	7	8,5	8
			95	25	1,3	M 16	12/6	14/ 6	14	12	11	9,5	11	10,5
			117	30	1,5	M 20	15/8	18/ 8	17	16	14,5	13	15	14
			140	31	1,5	M 22	17/8	20/10	20	22	20	17,5	20	18,5
			165¹⁾	33	1,8	M 24	19/8	23/10	23	30	27	24	27	24
			100/100²,³⁾	15	1,4	M 20	13/6	16/ 6	17	17	16	13,5	15,5	14,5
			130/130²,³⁾	18	1,5	M 22	16/6	19/ 8	20	23	20	18,5	21	19

1) Mit 1 Klemmbolzen, 1/2" am Laschenende
2) Mit 2 Klemmbolzen, 1/2" am Laschenende } nach DIN 1052 T 2
3) Quadratischer Verbinder

Klemmbolzen (bei Dübeldurchmessern bzw. -seitenlängen ≥ 130 mm)

HOLZ KONSTRUKTION H 4

Man unterscheidet Einlaßdübel, die in vorbereitete, passende Vertiefungen des Holzes eingelegt, und Einpreßdübel, die ohne Benutzung von Bohr-, Nut- oder Fräswerkzeugen in das Holz eingepreßt werden, ferner Dübel, die teils eingelassen, teils eingepreßt werden (Einlaß-Einpreßdübel).

Dübel dürfen nur in Holz mindestens Güteklasse II, Einpreßdübel nur in Nadelholz verwendet werden. Die Grundplatten von Einpreßdübeln müssen, wenn sie mehr als 2 mm dick sind, eingelassen werden.

Alle Dübelverbindungen müssen durch nachspannbare Schraubenbolzen zusammengehalten werden, wobei alle Dübel durch Bolzen gesichert sein müssen. Bei Verbindungen mit Dübeldurchmessern bzw. -seitenlängen $\geq$ 120 mm sind an den Enden der Außenhölzer oder -laschen Klemmbolzen anzuordnen.

Die Bolzen sind so anzuziehen, daß die Unterlagscheiben geringfügig, höchstens jedoch 1 mm in das Holz eingedrückt werden.

<u>STABDÜBEL-, PASSBOLZEN- UND BOLZENVERBINDUNGEN</u> nach DIN 1052 T 2, Abschnitt 5

Der Durchmesser muß bei Stabdübeln mindestens d_{st} = 8 mm, bei tragenden Bolzen mindestens d_b = 12 mm betragen, in beiden Fällen jedoch maximal 30 mm.

Die Löcher für Stabdübel und Paßbolzen sind im Holz mit dem Nenndurchmesser zu bohren. Die Löcher für Bolzen müssen gut passend gebohrt werden, so daß ein Spiel von 1 mm nicht überschritten wird.

Bolzen dürfen bei Beanspruchung auf Abscheren in Dauerbauten, bei denen es auf Steifigkeit und Formbeständigkeit ankommt, zur Kraftübertragung nicht herangezogen werden.

Bei Stabdübel-, Paßbolzen- oder Bolzenverbindungen von Vollholz oder Brettschichtholz mit Stahlteilen dürfen die zulässigen Belastungen um 25% erhöht werden.

Berechnung der zulässigen Belastung in kN von Stabdübel-, Paßbolzen- und Bolzenverbindungen

zul $N_{st,b}$ = zul $\sigma_1 \cdot a \cdot d_{st,b}$ in kN jedoch höchstens zul $N_{st,b}$ = B $\cdot d_{st,b}^2$ in kN Abmessungen in cm		Holzart	Stabdübel und Paßbolzen		Bolzen	
			zul σ_1 (kN/cm²)	Festwert B (kN/cm²)	zul σ_1 (kN/cm²)	Festwert B (kN/cm²)
einschnittig		NH und BSH	0,4	2,3	0,4	1,7
		LH, Ei, Bu	0,5	2,7	0,5	2,0
zweischnittig		Mittelholz				
		NH und BSH	0,85	5,1	0,85	3,8
		LH, Ei, Bu	1,0	6,0	1,0	4,5
		Seitenholz				
		NH und BSH	0,55	3,3	0,55	2,6
		LH, Ei, Bu	0,65	3,9	0,65	3,0

Mindestabstände parallel zur Kraftrichtung			
untereinander	∥ Faserrichtung	5 d_{st}	7 $d_b \geq$ 100 mm
	⊥ Faserrichtung	3 d_{st}	5 d_b
vom beanspruchten Rand	∥ Faserrichtung	6 d_{st}	7 $d_b \geq$ 100 mm
	⊥ Faserrichtung	3 d_{st}	4 d_b
vom unbeanspruchten Rand	∥ Faserrichtung	3 d_{st}	3 d_b
	⊥ Faserrichtung	3 d_{st}	3 d_b

B.: Stabdübel u. Paßbolzen

H 4 KONSTRUKTION — HOLZ

VERBINDUNGSELEMENTE

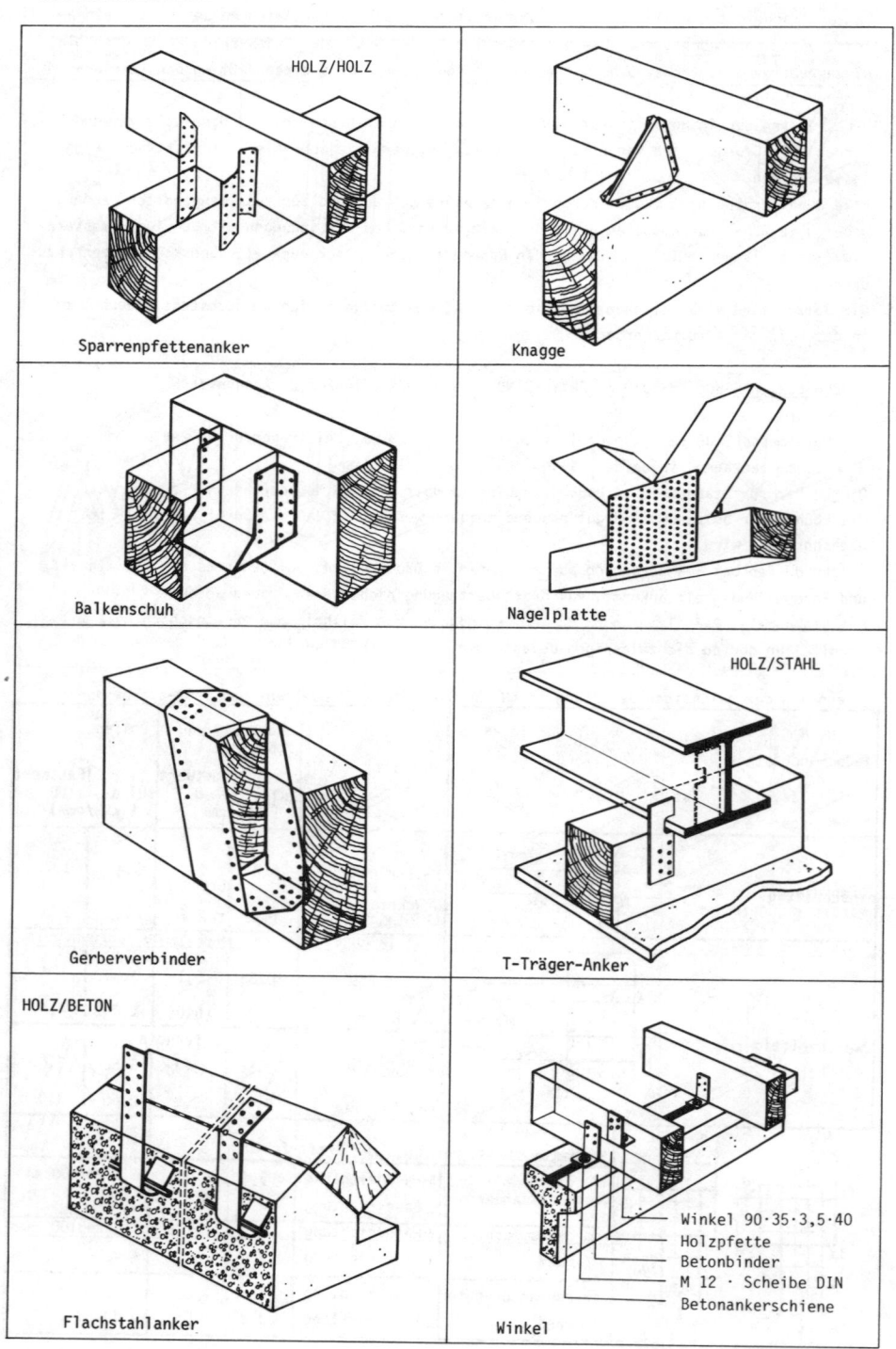

HOLZ/HOLZ

Sparrenpfettenanker

Knagge

Balkenschuh

Nagelplatte

Gerberverbinder

HOLZ/STAHL

T-Träger-Anker

HOLZ/BETON

Flachstahlanker

Winkel
- Winkel 90·35·3,5·40
- Holzpfette
- Betonbinder
- M 12 · Scheibe DIN
- Betonankerschiene

Quelle: HVV Holzbau-Verbinder-Vertrieb

HOLZ KONSTRUKTION   H 4

FACHWERKKNOTEN

Fachwerkknoten, einteilige Gurte	Fachwerkknoten, zweiteilige Gurte	Fachwerkknoten, zwei- bis mehrteilige Gurte	Fachwerk-Systembauweise
Seitliche Knotenplatten aus Furnierplatten oder Blech aufgenagelt.	Gurte an Diagonalen und Pfosten genagelt oder gedübelt.	Zugdiagonale einteilig, mit Dübeln angeschlossen; Druckpfosten zweiteilig.	Dreieckstrebenbauweise (DSB). Diagonalen in Gurte eingezapft und verleimt.
Zugdiagonalen an T-Stahl geschweißt. Anschluß an Gurt mit einseitigen Dübeln, Gegenplatte und Bolzen.	Verbindung mit Dübeln und Gelenkbolzen, Diagonale (oder Pfosten) mit Blechlaschen über Stahldübel angeschlossen.	Verbindung mit Dübeln und Gelenkbolzen, Pfosten (oder Diagonale) mit Blechlaschen über Stabdübel angeschlossen.	Trigonitbauweise. Diagonalen keilgezinkt verleimt zwischen zweiteiligen Gurten genagelt.
Druckdiagonalen mit Vorsatz, Zugpfosten mit Gegenplatte.	Diagonalen und Pfosten aus Stahlrohr am Gelenkanschluß gequetscht.	Verbindung mit Dübeln und Gelenkbolzen, Druckpfosten an Diagonale über angenageltes Vorholz angeschlossen.	Greimbauweise. Verbindungsbleche in geschlitzten Diagonalen und Gurten durchnagelt.
Seitlicher Anschluß der Zugdiagonalen, Nagelplatten und Gelenkbolzen.	Zugdiagonale einteilig mit Dübeln angeschlossen. Druckpfosten zweiteilig.	Dreiteilige Gurte, zweiteilige Pfosten und Diagonalen mit Dübeln und Gelenkbolzen.	Gangnailbauweise, Twinaplate, Hydro-Nail u.a. Seitliche Verbindungsbleche als Nagelplatte aufgepreßt.

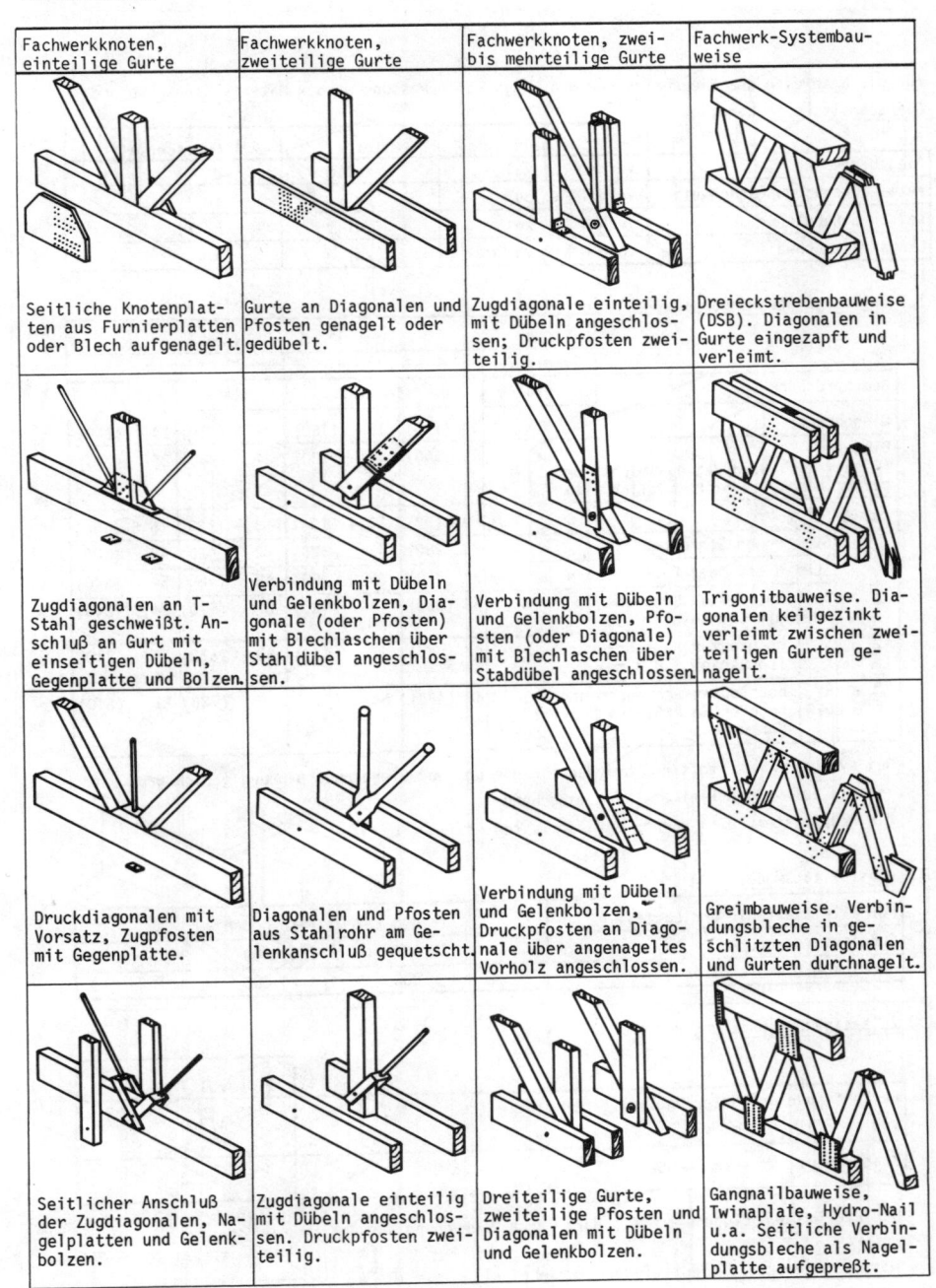

Quelle: Informationsdienst Holz

65

St 1 MATERIALWERTE — STAHL

Für die Nachweise der Biegebemessung und Längskraftbemessung werden Materialkennwerte und Querschnittswerte benötigt.

	Nachweis	Material	Querschnitt
Biegebemessung	vorh σ ≤ zul σ	zul σ	W
evtl. Durchbiegungsnachweis	vorh f ≤ zul f	E	I
selten Schubnachweis	vorh τ ≤ zul τ	zul τ	A, z
Längskraftnachweis	vorh σ ≤ zul σ	zul σ	A, i

1.1 Zulässige Spannungen

(Ableitung S. 82)

σ

		zul σ kN/cm^2 (N/mm^2)			
	Stahlgüten	ST 37		ST 52	
Beanspruchung	Lastfälle	H	HZ	H	HZ
Biegedruck		14 (140)	16 (160)	21 (210)	24 (240)
Biegezug (Biegedruck, wenn das Ausweichen der gedrückten Gurte nicht möglich ist)		16 (160)	18 (180)	24 (240)	27 (270)
Schub		9,2 (92)	10,4 (104)	13,9 (139)	15,6 (156)
Lochleibungsdruck (zul σ_l) bei — SL rohen Schrauben		28 (280)	32 (320)	42 (420)	48 (480)
SLP Niete oder Paßschrauben		32 (320)	36 (360)	48 (480)	54 (540)
SL hochfesten Schrauben mit Lochspiel > 0,3 mm		38 (380)	43 (430)	57 (570)	64,5 (645)
SLP hochfesten Paßschrauben (Lochspiel ≤ 0,3 mm)		42 (420)	47 (470)	63 (630)	71 (710)
GV / GVP hochfesten Schrauben und hochfesten Paßschrauben mit Vorspannung		48 (480)	54 (540)	72 (720)	81 (810)

τ

Bei symmetrischen Profilen, bei denen Biegezug- und Biegedruckspannung gleich groß sind, ist als zul σ der kleinere Wert maßgebend.

H = Hauptlasten, HZ = Haupt- + Zusatzlasten s. Tab. L 23

1.2 Elastizitätsmodul

E

Für alle Baustähle und Lastfälle	E = 21 000 kN/cm^2 (210 000 N/mm^2)
Gußeisen (Grauguß)	10 000 " (100 000 ")
Aluminium (zum Vergleich)	7 000 " (70 000 ")

1.3 Zulässige Durchbiegungen

f

	zul f
Deckenträger und Unterzüge mit einer Stützweite von mehr als 5,0 m	1/300
Kragträger: am Kragarmende	1/200

Der Einfluß der Eigengewichte g darf durch Überhöhung ausgeglichen werden.

1.4 Wärmedehnungskoeffizient (Temperaturdehnzahl) $\alpha_T = 10^{-5}/°$

1.5 Drahtseile können überschläglich mit zul $\sigma \sim$ 50 kN/cm^2 bemessen werden.

STAHL QUERSCHNITTSWERTE St 2

2.1 MITTELBREITE I-TRÄGER I PE / I PEo- UND I PEv-REIHE

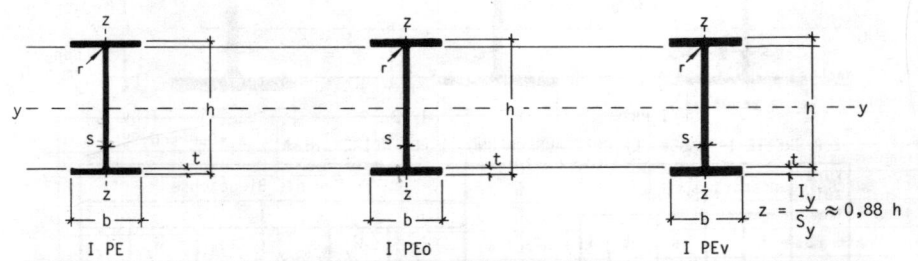

I PE   I PEo   I PEv

$z = \dfrac{I_y}{S_y} \approx 0{,}88\,h$

Kurz-zeichen		Maße für						Für die Biegeachse					
								y − y			z − z		
IPE	IPE o / IPE v	h	b	s	t	r	A	G	I_y	W_y	i_y	I_z	W_z	i_z
		mm	mm	mm	mm	mm	cm²	kg/m	cm⁴	cm³	cm	cm⁴	cm³	cm
80		80	46	3,8	5,2	5	7,6	6,0	80	20,0	3,24	8,5	3,69	1,05
100		100	55	4,1	5,7	7	10,3	8,1	171	34,2	4,07	15,9	5,79	1,24
120		120	64	4,4	6,3	7	13,2	10,4	318	53,0	4,90	27,7	8,65	1,45
140		140	73	4,7	6,9	7	16,4	12,9	541	77,3	5,74	44,9	12,3	1,65
160		160	82	5,0	7,4	9	20,1	15,8	869	109	6,58	68,3	16,7	1,84
180		180	91	5,3	8,0	9	23,9	18,8	1 320	146	7,42	101	22,2	2,05
	180 o	182	92	6,0	9,0	9	27,1	21,3	1 510	165	7,45	117	25,5	2,08
200		200	100	5,6	8,5	12	28,5	22,4	1 940	194	8,26	142	28,5	2,24
	200 o	202	102	6,2	9,5	12	32,0	25,1	2 210	219	8,32	169	33,1	2,30
220		220	110	5,9	9,2	12	33,4	26,2	2 770	252	9,11	205	37,3	2,48
	220 o	222	112	6,6	10,2	12	37,4	29,4	3 130	282	9,16	240	42,8	2,53
240		240	120	6,2	9,8	15	39,1	30,7	3 890	324	9,97	284	47,3	2,69
	240 o	242	122	7,0	10,8	15	43,7	34,3	4 370	361	10,0	329	53,9	2,74
270		270	135	6,6	10,2	15	45,9	36,1	5 790	429	11,2	420	62,2	3,02
	270 o	274	136	7,5	12,2	15	53,8	42,3	6 950	507	11,4	514	75,5	3,09
300		300	150	7,1	10,7	15	53,8	42,2	8 360	557	12,5	604	80,5	3,35
	300 o	304	152	8,0	12,7	15	62,8	49,3	9 990	658	12,6	746	98,1	3,45
330		330	160	7,5	11,5	18	62,6	49,1	11 770	713	13,7	788	98,5	3,55
	330 o	334	162	8,5	13,5	18	72,6	57,0	13 910	833	13,8	960	119	3,64
360		360	170	8,0	12,7	18	72,7	57,1	16 270	904	15,0	1040	123	3,79
	360 o	364	172	9,2	14,7	18	84,1	66,0	19 050	1050	15,1	1250	146	3,86
400		400	180	8,6	13,5	21	84,5	66,3	23 130	1160	16,5	1320	146	3,95
	400 o	404	182	9,7	15,5	21	96,4	75,7	26 750	1320	16,7	1560	172	4,03
	400 v	408	182	10,6	17,5	21	107	84,0	30 120	1480	16,8	1770	194	4,06
450		450	190	9,4	14,6	21	98,8	77,6	33 740	1500	18,5	1680	176	4,12
	450 o	456	192	11,0	17,6	21	118	92,4	40 920	1790	18,7	2090	217	4,21
	450 v	460	194	12,4	19,6	21	132	104	46 200	2010	18,7	2400	247	4,26
500		500	200	10,2	16,0	21	116	90,7	48 200	1930	20,4	2140	214	4,31
	500 o	506	202	12,0	19,0	21	137	107	57 780	2280	20,6	2620	260	4,38
	500 v	514	204	14,2	23,0	21	164	129	70 720	2750	20,8	3270	321	4,46
550		550	210	11,1	17,2	24	134	106	67 120	2440	22,3	2670	254	4,45
	550 o	556	212	12,7	20,7	24	156	123	79 160	2850	22,5	3220	304	4,55
	550 v	566	216	17,1	25,2	24	202	159	102 300	3620	22,5	4260	395	4,59
600		600	220	12,0	19,0	24	156	122	92 080	3070	24,3	3390	308	4,66
	600 o	610	224	15,0	24,0	24	197	154	118 300	3880	24,5	4520	404	4,79
	600 v	618	228	18,0	28,0	24	234	184	141 600	4580	24,6	5570	489	4,88

Längen im allgemeinen 4 bis 15 m

I = Trägheitsmoment (cm⁴)   W = Widerstandsmoment (cm³) $i = \sqrt{I/A}$ = Trägheitshalbmesser (cm)

St 2 — QUERSCHNITTSWERTE — STAHL

Längen im allg. 4 - 15 m

2.2 BREITE I-TRÄGER LEICHTE AUSFÜHRUNG I PB1-REIHE (HE-A)

$z = \dfrac{I_y}{S_y} \approx 0{,}88 \cdot h$

Kurz-zeichen I PB1	Maße für h (mm)	b (mm)	s (mm)	t (mm)	r (mm)	A (cm²)	G (kg/m)	I_y (cm⁴)	W_y (cm³)	i_y (cm)	I_z (cm⁴)	W_z (cm³)	i_z (cm)
100	96	100	5	8	12	21,2	16,7	349	72,8	4,06	134	26,8	2,51
120	114	120	5	8	12	25,3	19,9	606	106	4,89	231	38,5	3,02
140	133	140	5,5	8,5	12	31,4	24,7	1 030	155	5,73	389	55,6	3,52
160	152	160	6	9	15	38,8	30,4	1 670	220	6,57	616	76,9	3,98
180	171	180	6	9,5	15	45,3	35,5	2 510	294	7,45	925	103	4,52
200	190	200	6,5	10	18	53,8	42,3	3 690	389	8,28	1 340	134	4,98
220	210	220	7	11	18	64,3	50,5	5 410	515	9,17	1 950	178	5,51
240	230	240	7,5	12	21	76,8	60,3	7 760	675	10,1	2 770	231	6,00
260	250	260	7,5	12,5	24	86,8	68,2	10 450	836	11,0	3 670	282	6,50
280	270	280	8	13	24	97,3	76,4	13 670	1010	11,9	4 760	340	7,00
300	290	300	8,5	14	27	112	88,3	18 260	1260	12,7	6 310	421	7,49
320	310	300	9	15,5	27	124	97,6	22 930	1480	13,6	6 990	466	7,49
340	330	300	9,5	16,5	27	133	105	27 690	1680	14,4	7 440	496	7,46
360	350	300	10	17,5	27	143	112	33 090	1890	15,2	7 890	526	7,43
400	390	300	11	19	27	159	125	45 070	2310	16,8	8 560	571	7,34
450	440	300	11,5	21	27	178	140	63 720	2900	18,9	9 470	631	7,29
500	490	300	12	23	27	198	155	86 970	3550	21,0	10 370	691	7,24
550	540	300	12,5	24	27	212	166	111 900	4150	23,0	10 820	721	7,15
600	590	300	13	25	27	226	178	141 200	4790	25,0	11 270	751	7,05
650	640	300	13,5	26	27	242	190	175 200	5470	26,9	11 720	782	6,97
700	690	300	14,5	27	27	260	204	215 300	6240	28,8	12 180	812	6,84
800	790	300	15	28	30	286	224	303 400	7680	32,6	12 640	843	6,65
900	890	300	16	30	30	320	252	422 100	9480	36,3	13 550	903	6,50
1000	990	300	16,5	31	30	347	272	553 800	11190	40,0	14 000	934	6,35

2.3 BREITE I-TRÄGER I PB-REIHE (HE-B)

I PB	h	b	s	t	r	A	G	I_y	W_y	i_y	I_z	W_z	i_z
100	100	100	6	10	12	26,0	20,4	450	89,9	4,16	167	33,5	2,53
120	120	120	6,5	11	12	34,0	26,7	864	144	5,04	318	52,9	3,06
140	140	140	7	12	12	43,0	33,7	1 510	216	5,93	550	78,5	3,58
160	160	160	8	13	15	54,3	42,6	2 490	311	6,78	889	111	4,05
180	180	180	8,5	14	15	65,3	51,2	3 830	426	7,66	1 360	151	4,57
200	200	200	9	15	18	78,1	61,3	5 700	570	8,54	2 000	200	5,07
220	220	220	9,5	16	18	91,0	71,5	8 090	736	9,43	2 840	258	5,59
240	240	240	10	17	21	106	83,2	11 260	938	10,3	3 920	327	6,08
260	260	260	10	17,5	24	118	93,0	14 920	1150	11,2	5 130	395	6,58
280	280	280	10,5	18	24	131	103	19 270	1380	12,1	6 590	471	7,09
300	300	300	11	19	27	149	117	25 170	1680	13,0	8 560	571	7,58
320	320	300	11,5	20,5	27	161	127	30 820	1930	13,8	9 240	616	7,57
340	340	300	12	21,5	27	171	134	36 660	2160	14,6	9 690	646	7,53
360	360	300	12,5	22,5	27	181	142	43 190	2400	15,5	10 140	676	7,49
400	400	300	13,5	24	27	198	155	57 680	2880	17,1	10 820	721	7,40
450	450	300	14	26	27	218	171	79 890	3550	19,1	11 720	781	7,33
500	500	300	14,5	28	27	239	187	107 200	4290	21,2	12 620	842	7,27
550	550	300	15	29	27	254	199	136 700	4970	23,2	13 080	872	7,17
600	600	300	15,5	30	27	270	212	171 000	5700	25,2	13 530	902	7,08
650	650	300	16	31	27	286	225	210 600	6480	27,1	13 980	932	6,99
700	700	300	17	32	27	306	241	256 900	7340	29,0	14 440	963	6,87
800	800	300	17,5	33	30	334	262	359 100	8980	32,8	14 900	994	6,68
900	900	300	18,5	35	30	371	291	494 100	10980	36,5	15 820	1050	6,53
1000	1000	300	19	36	30	400	314	644 700	12890	40,1	16 280	1090	6,38

I = Trägheitsmoment (cm⁴) W = Widerstandsmoment (cm³) $i = \sqrt{I/A}$ = Trägheitshalbmesser (cm)

STAHL QUERSCHNITTSWERTE St 2

2.4 BREITE I-TRÄGER VERSTÄRKTE AUSFÜHRUNG I PBv-REIHE (HE-M) (verstärkt)

Kurz-zei-chen I PBv	Maße für						Für die Biegeachse					
							y - y			z - z		
	h	b	s	t	r	A	I_y	W_y	i_y	I_z	W_z	i_z
	mm	mm	mm	mm	mm	cm^2	G kg/m	cm^4	cm^3	cm	cm^4	cm^3	cm

Kurz I PBv	h	b	s	t	r	A cm^2	G kg/m	I_y cm^4	W_y cm^3	i_y cm	I_z cm^4	W_z cm^3	i_z cm
100	120	106	12	20	12	53,2	41,8	1 140	190	4,63	399	75,3	2,74
120	140	126	12,5	21	12	66,4	52,1	2 020	288	5,51	703	112	3,25
140	160	146	13	22	12	80,6	63,2	3 290	411	6,39	1 140	157	3,77
160	180	166	14	23	15	97,1	76,2	5 100	566	7,25	1 760	212	4,26
180	200	186	14,5	24	15	113	88,9	7 480	748	8,13	2 580	277	4,77
200	220	206	15	25	18	131	103	10 640	967	9,00	3 650	354	5,27
220	240	226	15,5	26	18	149	117	14 600	1 220	9,89	5 010	444	5,79
240	270	248	18	32	21	200	157	24 290	1 800	11,0	8 150	657	6,39
260	290	268	18	32,5	24	220	172	31 310	2 160	11,9	10 450	780	6,90
280	310	288	18,5	33	24	240	189	39 550	2 550	12,8	13 160	914	7,40
300	340	310	21	39	27	303	238	59 200	3 480	14,0	19 400	1250	8,00
320/305	320	305	16	29	27	225	177	40 950	2 560	13,5	13 740	901	7,81
320	359	309	21	40	27	312	245	68 130	3 800	14,8	19 710	1280	7,95
340	377	309	21	40	27	316	248	76 370	4 050	15,6	19 710	1280	7,90
360	395	308	21	40	27	319	250	84 870	4 300	16,3	19 520	1270	7,83
400	432	307	21	40	27	326	256	104 100	4 820	17,9	19 330	1260	7,70
450	478	307	21	40	27	335	263	131 500	5 500	19,8	19 340	1260	7,59
500	524	306	21	40	27	344	270	161 900	6 180	21,7	19 150	1250	7,46
550	572	306	21	40	27	354	278	198 000	6 920	23,6	19 160	1250	7,53
600	620	305	21	40	27	364	285	237 400	7 660	25,6	18 970	1240	7,22
650	668	305	21	40	27	374	293	281 700	8 430	27,5	18 980	1240	7,10
700	716	304	21	40	27	383	301	329 300	9 200	29,3	18 800	1240	7,01
800	814	303	21	40	30	404	317	442 600	10 870	33,1	18 630	1230	6,79
900	910	302	21	40	30	424	333	570 400	12 540	36,7	18 450	1220	6,60
1000	1008	302	21	40	30	444	349	722 300	14 330	40,3	18 460	1220	6,45

I = Trägheitsmoment (cm^4)
W = Widerstandsmoment (cm^3)
$i = \sqrt{I/A}$ = Trägheitsradius (cm)
Längen im allg. 4 - 15 m

2.5 RUNDKANTIGER U-STAHL

Kurz-zei-chen U	h mm	b mm	s mm	r_1=t mm	r_2 mm	A cm^2	G kg/m	I_y cm^4	W_y cm^3	i_y cm	I_z cm^4	W_z cm^3	i_z cm	e_z cm
30x15	30	15	4	4,5	2	2,21	1,74	2,53	1,69	1,07	0,38	0,39	0,42	0,52
30	30	33	5	7	3,5	5,44	4,27	6,39	4,26	1,08	5,33	2,68	0,99	1,31
40x20	40	20	5	5	2,5	3,66	2,87	7,58	3,79	1,44	1,14	0,86	0,56	0,67
40	40	35	5	7	3,5	6,21	4,87	14,1	7,05	1,50	6,68	3,08	1,04	1,33
50x25	50	25	5	6	3	4,92	3,86	16,8	6,73	1,85	2,49	1,48	0,71	0,81
50	50	38	5	7	3,5	7,12	5,59	26,4	10,6	1,92	9,12	3,75	1,13	1,37
60	60	30	6	6	3	6,46	5,07	31,6	10,5	2,21	4,51	2,16	0,84	0,91
65	65	42	5,5	7,5	4	9,03	7,09	57,5	17,7	2,52	14,1	5,07	1,25	1,42
80	80	45	6	8	4	11,0	8,64	106	26,5	3,10	19,4	6,36	1,33	1,45
100	100	50	6	8,5	4,5	13,5	10,6	206	41,2	3,91	29,3	8,49	1,47	1,55
120	120	55	7	9	4,5	17,0	13,4	364	60,7	4,62	43,2	11,1	1,59	1,60
140	140	60	7	10	5	20,4	16,0	605	86,4	5,45	62,7	14,8	1,75	1,75
160	160	65	7,5	10,5	5,5	24,0	18,8	925	116	6,21	85,3	18,3	1,89	1,84
180	180	70	8	11	5,5	28,0	22,0	1 350	150	6,95	114	22,4	2,02	1,92
200	200	75	8,5	11,5	6	32,2	25,3	1 910	191	7,70	148	27,0	2,14	2,01
220	220	80	9	12,5	6,5	37,4	29,4	2 690	245	8,48	197	33,6	2,30	2,14
240	240	85	9,5	13	6,5	42,3	33,2	3 600	300	9,22	248	39,6	2,42	2,23
260	260	90	10	14	7	48,3	37,9	4 820	371	9,99	317	47,7	2,56	2,36
280	280	95	10	15	7,5	53,3	41,8	6 280	448	10,9	399	57,2	2,74	2,53
300	300	100	10	16	8	58,8	46,2	8 030	535	11,7	495	67,8	2,90	2,70
320	320	100	14	17,5	8,75	75,8	59,5	10 870	679	12,1	597	80,6	2,81	2,60
350	350	100	14	16	8	77,3	60,6	12 840	734	12,9	570	75,0	2,72	2,40
380	380	102	13,5	16	8	80,4	63,1	15 760	829	14,0	615	78,7	2,77	2,38
400	400	110	14	18	9	91,5	71,8	20 350	1020	14,9	846	102	3,04	2,65

QUERSCHNITTSWERTE — STAHL

2.6 RUNDKANTIGER GLEICHSCHENKLIGER L-STAHL

Kurz-zeichen L	Maße für				A cm²	G kg/m	e cm	Für die Biegeachse y-y = z-z			
	a mm	s mm	r_1 mm	r_2 mm				$I_y = I_z$ cm⁴	$W_y = W_z$ cm³	$i_y = i_z$ cm	i_{min} cm
20 x 3	20	3	3,5	2	1,12	0,88	0,60	0,39	0,28	0,59	0,37
25 x 3	25	3	3,5	2	1,42	1,12	0,73	0,79	0,45	0,75	0,47
4		4			1,85	1,45	0,76	1,01	0,58	0,74	0,47
30 x 3	30	3	5	2,5	1,74	1,36	0,84	1,41	0,65	0,90	0,57
4		4			2,27	1,78	0,89	1,81	0,86	0,89	0,58
35 x 4	35	4	5	2,5	2,67	2,10	1,00	2,96	1,18	1,05	0,68
5		5			3,28	2,57	1,04	3,56	1,45	1,04	0,67
40 x 4	40	4	6	3	3,08	2,42	1,12	4,48	1,56	1,21	0,78
5		5			3,79	2,97	1,16	5,43	1,91	1,20	0,77
45 x 4	45	4	7	3,5	3,49	2,74	1,23	6,43	1,97	1,36	0,88
5		5			4,30	3,38	1,28	7,33	2,43	1,35	0,87
50 x 5	50	5	7	3,5	4,80	3,77	1,40	11,0	3,05	1,51	0,98
6		6			5,69	4,47	1,45	12,8	3,61	1,50	0,96
7		7			6,56	5,15	1,49	14,6	4,15	1,49	0,96
55 x 6	55	6	8	4	6,31	4,95	1,56	17,3	4,40	1,66	1,07
60 x 5	60	5	8	4	5,82	4,57	1,64	19,4	4,45	1,82	1,17
6		6			6,91	5,42	1,69	22,8	5,29	1,82	1,17
8		8			9,03	7,09	1,77	29,1	6,88	1,80	1,16
65 x 7	65	7	9	4,5	8,70	6,83	1,85	33,4	7,18	1,96	1,26
70 x 7	70	7	9	4,5	9,40	7,38	1,97	42,4	8,43	2,12	1,37
9		9			11,90	9,34	2,05	52,6	10,6	2,10	1,36
75 x 7	75	7	10	5	10,1	7,94	2,09	52,4	9,67	2,28	1,45
8		8			11,5	9,03	2,13	58,9	11,0	2,26	1,46
80 x 6	80	6	10	5	9,35	7,34	2,17	55,8	9,57	2,44	1,57
8		8			12,30	9,66	2,26	72,3	12,60	2,42	1,55
10		10			15,10	11,90	2,35	87,5	15,5	2,41	1,54
90 x 7	90	7	11	5,5	12,2	9,61	2,45	92,6	14,1	2,75	1,77
9		9			15,5	12,2	2,54	116	18,0	2,74	1,76
100 x 8	100	8	12	6	15,5	12,2	2,74	145	19,9	3,06	1,96
10		10			19,2	15,1	2,82	177	24,7	3,04	1,95
12		12			22,7	17,8	2,90	207	29,2	3,02	1,95
110 x 10	110	10	12	6	21,2	16,6	3,07	239	30,1	3,36	2,16
120 x 10	120	10	13	6,5	23,2	18,2	3,31	313	36,0	3,67	2,36
12		12			27,5	21,6	3,40	368	42,7	3,65	2,35
130 x 12	130	12	14	7	30,0	23,6	3,64	472	50,4	3,97	2,54
140 x 13	140	13	15	7,5	35,0	27,5	3,92	638	63,3	4,27	2,74
150 x 12	150	12	16	8	34,8	27,3	4,12	737	67,7	4,60	2,95
15		15			43,0	33,8	4,25	898	83,5	4,57	2,93
160 x 15	160	15	17	8,5	46,1	36,2	4,49	1100	95,6	4,88	3,14
180 x 16	180	16	18	9	55,4	43,5	5,02	1680	130	5,51	3,50
18		18			61,9	48,6	5,10	1870	145	5,49	3,49
200 x 18	200	18	18	9	69,1	54,3	5,60	2600	181	6,13	3,90
24		24			90,6	71,1	5,84	3330	235	6,06	3,90

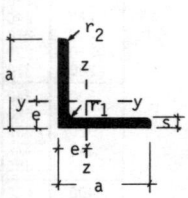

Längen im allgemeinen 3 bis 12 m

I = Trägheitsmoment (cm⁴) W = Widerstandsmoment (cm³)
$i = \sqrt{I/A}$ = Trägheitshalbdurchmesser (cm)

STAHL — QUERSCHNITTSWERTE — St 2

2.7 RUNDKANTIGER UNGLEICHSCHENKLIGER L-STAHL

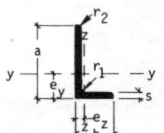

Längen im allg. 3 - 12 m

Kurzzeichen L	Maße für					A	G	e_y	e_z	Für die Biegeachse						i_{min}
										y - y			z - z			
	a	b	s	r_1	r_2					I_y	W_y	i_y	I_z	W_z	i_z	
	mm	mm	mm	mm	mm	cm²	kg/m	cm	cm	cm⁴	cm³	cm	cm⁴	cm³	cm	cm
30 x 20 x 3	30	20	3	3,5	2	1,42	1,11	0,99	0,50	1,25	0,62	0,94	0,44	0,29	0,56	0,42
4			4			1,85	1,45	1,03	0,54	1,59	0,81	0,93	0,55	0,38	0,55	0,42
40 x 20 x 3	40	20	3	3,5	2	1,72	1,35	1,43	0,44	2,79	1,08	1,27	0,47	0,30	0,52	0,42
4			4			2,25	1,77	1,47	0,48	3,59	1,42	1,26	0,60	0,39	0,52	0,42
45 x 30 x 4	45	30	4	4,5	2	2,87	2,25	1,48	0,74	5,78	1,91	1,42	2,05	0,91	0,85	0,64
5			5			3,53	2,77	1,52	0,78	6,99	2,35	1,41	2,47	1,11	0,84	0,64
50 x 30 x 4	50	30	4	4,5	2	3,07	2,41	1,68	0,70	7,71	2,33	1,59	2,09	0,91	0,82	0,64
5			5			3,78	2,96	1,73	0,74	9,41	2,88	1,58	2,54	1,12	0,82	0,64
50 x 40 x 5	50	40	5	4	2	4,27	3,35	1,56	1,07	10,4	3,02	1,56	5,89	2,01	1,18	0,84
60 x 30 x 5	60	30	5	6	3	4,29	3,37	2,15	0,68	15,6	4,04	1,90	2,60	1,12	0,78	0,63
7			7			5,85	4,59	2,24	0,76	20,7	5,50	1,88	3,41	1,52	0,76	0,62
60 x 40 x 5	60	40	5	6	3	4,79	3,76	1,96	0,97	17,2	4,25	1,89	6,11	2,02	1,13	0,86
6			6			5,68	4,46	2,00	1,01	20,1	5,03	1,88	7,12	2,38	1,12	0,85
65 x 50 x 5	65	50	5	6,5	3,5	5,54	4,35	1,99	1,25	23,1	5,11	2,04	11,9	3,18	1,47	1,06
70 x 50 x 6	70	50	6	6	3	6,88	5,40	2,24	1,25	33,5	7,04	2,21	14,3	3,81	1,44	1,07
75 x 50 x 7	75	50	7			8,30	6,51	2,48	1,25	46,4	9,24	2,36	16,5	4,39	1,41	1,07
75 x 55 x 5	75	55	5	7	3,5	6,30	4,95	2,31	1,33	35,5	6,84	2,37	16,2	3,39	1,60	1,17
7			7			8,66	6,80	2,40	1,41	47,9	9,39	2,35	21,8	5,32	1,59	1,17
80 x 40 x 6	80	40	6	7	3,5	6,89	5,41	2,85	0,88	44,9	8,73	2,55	7,59	2,44	1,05	0,84
8			8			9,01	7,07	2,94	0,97	57,6	11,4	2,53	9,68	3,18	1,04	0,84
80 x 60 x 7	80	60	7	8	4	9,38	7,36	2,51	1,52	59,0	10,7	2,51	28,4	8,34	1,74	1,28
80 x 65 x 8	80	65	8	8	4	11,0	8,66	2,47	1,73	68,1	12,5	2,49	40,1	8,41	1,91	1,36
90 x 60 x 6	90	60	6	8	3,5	8,69	6,82	2,89	1,41	71,7	11,7	2,87	25,8	5,61	1,72	1,30
8			8			11,4	8,96	2,97	1,49	92,5	15,4	2,85	33,0	7,31	1,70	1,29
100 x 50 x 6	100	50	6	9	4,5	8,73	6,85	3,49	1,04	89,7	13,8	3,20	15,3	3,86	1,32	1,06
8			8			11,5	8,99	3,59	1,13	116	18,0	3,18	19,5	5,04	1,31	1,05
10			10			14,1	11,1	3,67	1,20	141	22,2	3,16	23,4	6,17	1,29	1,04
100 x 65 x 7	100	65	7	10	5	11,2	8,77	3,23	1,51	113	16,6	3,17	37,6	7,54	1,84	1,39
9			9			14,2	11,1	3,32	1,59	141	21,0	3,15	46,7	9,52	1,82	1,39
100 x 75 x 9	100	75	9	10	5	15,1	11,8	3,15	1,91	148	21,5	3,13	71,0	12,7	2,17	1,59
120 x 80 x 8	120	80	8	11	5,5	15,5	12,2	3,83	1,87	226	27,6	3,82	80,8	13,2	2,29	1,72
10			10			19,1	15,0	3,92	1,95	276	34,1	3,80	98,1	16,2	2,27	1,71
12			12			22,7	17,8	4,00	2,03	323	40,4	3,77	114	19,1	2,25	1,71
130 x 65 x 8	130	65	8	11	5,5	15,1	11,9	4,56	1,37	263	31,1	4,17	44,8	8,72	1,72	1,38
10			10			18,6	14,6	4,65	1,45	321	38,4	4,15	54,2	10,7	1,71	1,37
130 x 90 x 10	130	90	10	12	6	21,2	16,6	4,15	2,18	358	40,5	4,11	141	20,6	2,58	1,93
150 x 75 x 9	150	75	9	10,5	5,5	19,5	15,3	5,28	1,57	455	46,8	4,83	78,3	13,2	2,00	1,60
11			11			23,6	18,6	5,37	1,65	545	56,6	4,80	93,0	15,9	1,98	1,59
150 x 100 x 10	150	100	10	13	6,5	24,2	19,0	4,80	2,34	552	54,1	4,78	198	25,8	2,86	2,15
12			12			28,7	22,6	4,89	2,42	650	64,2	4,76	232	30,6	2,84	2,15
160 x 80 x 10	160	80	10	13	6,5	23,2	18,2	5,63	1,69	611	58,9	5,14	104	16,5	2,12	1,70
14			14			31,8	25,0	5,81	1,85	823	80,7	5,09	139	22,5	2,09	1,69
180 x 90 x 10	180	90	10	14	7	26,2	20,6	6,28	1,85	880	75,1	5,80	151	21,2	2,40	1,93
200 x 100 x 10	200	100	10			29,2	23,0	6,93	2,01	1220	93,2	6,47	210	26,3	2,68	2,13
200 x 100 x 12	200	100	12	15	7,5	34,8	27,3	7,03	2,10	1440	111	6,43	247	31,3	2,67	2,13
14			14			40,3	31,6	7,12	2,18	1650	128	6,41	282	36,1	2,65	2,12

St 2 QUERSCHNITTSWERTE STAHL

2.8 RUNDKANTIGER T-STAHL

Kurz-zeichen T	Maße für					A	G	e_y	Für die Biegeachse					
									y − y			z − z		
	h	b	s=t r_1	r_2	r_3				I_y	W_y	i_y	I_z	W_z	i_z
	mm	mm	mm	mm	mm	cm²	kg/m	cm	cm⁴	cm³	cm	cm⁴	cm³	cm
T 20	20	20	3	1,5	1	1,12	0,88	0,58	0,38	0,27	0,58	0,20	0,20	0,42
T 25	25	25	3,5	2	1	1,64	1,29	0,73	0,87	0,49	0,73	0,43	0,34	0,51
T 30	30	30	4	2	1	2,26	1,77	0,85	1,72	0,80	0,87	0,87	0,58	0,62
T 35	35	35	4,5	2,5	1	2,97	2,33	0,99	3,10	1,23	1,04	1,57	0,90	0,73
T 40	40	40	5	2,5	1	3,77	2,96	1,12	5,28	1,84	1,18	2,58	1,29	0,83
T 45	45	45	5,5	3	1,5	4,67	3,67	1,26	8,13	2,51	1,32	4,01	1,78	0,93
T 50	50	50	6	3	1,5	5,66	4,44	1,39	12,1	3,36	1,46	6,06	2,42	1,03
T 60	60	60	7	3,5	2	7,94	6,23	1,66	23,8	5,48	1,73	12,2	4,07	1,24
T 70	70	70	8	4	2	10,6	8,32	1,94	44,5	8,79	2,05	22,1	6,32	1,44
T 80	80	80	9	4,5	2	13,6	10,7	2,22	73,7	12,8	2,33	37,0	9,25	1,65
T 90	90	90	10	5	2,5	17,1	13,4	2,48	119	18,2	2,64	58,5	13,0	1,85
T 100	100	100	11	5,5	3	20,9	16,4	2,74	179	24,6	2,92	88,3	17,7	2,05
T 120	120	120	13	6,5	3	29,6	23,2	3,28	366	42,0	3,51	178	29,7	2,45
T 140	140	140	15	7,5	4	39,9	31,3	3,80	660	64,7	4,07	330	47,2	2,88
TB 30	30	60	5,5	3	1,5	4,64	3,64	0,67	2,58	1,11	0,75	8,62	2,87	1,36
TB 35	35	70	6	3	1,5	5,94	4,66	0,77	4,49	1,65	0,87	15,1	4,31	1,59
TB 40	40	80	7	3,5	2	7,91	6,21	0,88	7,81	2,50	0,99	28,5	7,13	1,90
TB 50	50	100	8,5	4,5	2	12,0	9,42	1,09	18,7	4,78	1,25	67,7	13,5	2,38
TB 60	60	120	10	5	2,5	17,0	13,4	1,30	38,0	8,09	1,49	137	22,8	2,84

I = Trägheitsmoment (cm⁴) W = Widerstandsmoment (cm³) $i = \sqrt{I/A}$ = Trägheitshalbmesser (cm)

STAHL   QUERSCHNITTSWERTE   St 2

2.9 STAHLROHRE

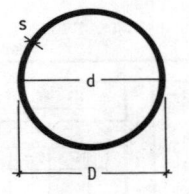

Außendurchmesser		Maße		A	G	I	W	i
D		s	d					
mm	Zoll	mm	mm	cm^2	kg/m	cm^4	cm^3	cm
20		2	16	1,13	0,89	0,464	0,464	0,64
21,3		2	17,3	1,21	0,96	0,571	0,536	0,69
25		2	21	1,45	1,13	0,963	0,770	0,82
30		2,6	24,8	2,24	1,76	2,12	1,41	0,97
33,7		2,6	28,5	2,54	1,99	3,09	1,84	1,10
38		2,6	32,8	2,89	2,29	4,55	2,40	1,25
42,4		2,6	37,2	3,25	2,57	6,46	3,05	1,41
44,5		2,6	39,3	3,42	2,70	7,54	3,39	1,48
48,3		2,6	43,1	3,73	2,95	9,78	4,05	1,62
51	2	2,6	45,8	3,95	3,12	11,6	4,55	1,71
54	2 1/8	2,6	48,8	4,20	3,30	13,9	5,15	1,82
57	2 1/4	2,9	51,2	4,93	3,90	18,1	6,35	1,92
60,3	2 3/8	2,3	55,7	4,19	3,31	17,7	5,85	2,05
		2,9	54,5	5,23	4,14	21,6	7,16	2,03
63,5	2 1/2	2,9	57,7	5,52	4,36	25,4	8,00	2,14
70,0	2 3/4	2,6	64,8	5,51	4,35	31,3	8,95	2,38
		2,9	64,2	6,11	4,83	34,5	9,85	2,37
73	3	2,9	67,2	6,39	5,01	39,3	10,80	2,48
76,1	3	2,9	70,3	6,57	5,28	44,7	11,8	2,59
82,5	3 1/4	2,6	77,3	6,53	5,15	52,1	12,6	2,83
		3,2	76,1	7,97	6,31	62,8	15,2	2,81
88,9	3 1/2	3,2	82,5	8,62	6,81	79,2	17,8	3,03
101,6	4	2,9	95,8	8,99	7,11	110	21,6	3,49
		3,6	94,4	11,1	8,76	133	26,2	3,47
108	4 1/4	3,6	101,8	11,8	9,33	161	29,8	3,69
114,3	4 1/2	3,6	107,1	12,5	9,90	192	33,6	3,92
127	5	4	119	15,5	12,2	293	46,1	4,35
133	5 1/4	4	125	16,2	12,8	338	50,8	4,56
139,7	5 1/2	4	131,7	17,1	13,5	393	56,2	4,80
152,4	6	4	144,4	18,6	14,7	514	67,4	5,25
		4,5	143,4	20,9	16,4	572	75,1	5,23
159	6 1/4	4,5	150	21,6	17,1	652	82,0	5,46
168,3	6 5/8	4,5	159,3	23,2	18,1	777	92,4	5,79
177,8	7	5	167,8	27,1	21,3	1010	114	6,11
193,7	7 5/8	4,5	184,7	26,7	21,0	1198	124	6,69
		5,6		33,1	26,0	1465	151	6,65
219,1	8 5/8	6,3	206,5	42,1	33,1	2386	218	7,53
244,5	9 5/8	6,3	241,9	47,1	37,1	3350	274	8,42
267	10 1/2	6,3	254,4	51,6	40,6	4386	329	9,22
273	10 3/4	6,3	260,4	52,8	41,6	4700	344	9,43
298,5	11 3/4	5,6		51,5	40,5	5528	370	10,40
		7,1	284,3	65,0	51,1	6900	463	10,3
323,9	12 3/4	7,1	309,7	70,7	55,6	8870	548	11,2
355,6	14	5,6	344,4	61,6	48,2	9430	530	12,4
		8	339,6	87,4	68,3	13200	742	12,3
406,4	16	6,3	393,8	79,2	62,4	15850	780	14,1
		8,8	388,8	110	85,9	21730	1070	14,1
457,2	18	6,3	444,6	89,2	70,3	22680	992	15,9
		10	437,2	140	110	35140	1540	15,8
508	20	6,3	495,4	99,3	78,2	31250	1230	17,7
		11	486	172	135	53060	2090	17,6
559	22	12,5	534	215	168	80160	2868	19,3
610	24	12,5	585	235	184	104800	3435	21,1
660	26	14,2	631,6	288	226	150300	4553	22,8

I = Trägheitsmoment (cm^4)   W = Widerstandsmoment (cm^3) $i = \sqrt{I/A}$ = Trägheitshalbmesser (cm)

St 2 — QUERSCHNITTSWERTE — STAHL

2.10 TRAPEZBLECHE

TYPENBEZEICHNUNG	PROFILQUERSCHNITT Maße in mm	BLECHDICKE t_N mm	EIGENGEWICHT g kN/m²	TRÄGHEITSMOMENT I_{eff} cm⁴/m	FELDMOMENT zul.M_F kNm/m	STÜTZMOMENT M_{St} max kNm/m	AUFLAGERKRÄFTE ENDAUFLAGERBREITE: a = 40 mm		MINDESTZWISCHENAUFLAGERBREITE b mm
							max A kN/m	max B kN/m	
35/207	119 88 / 35 / 167 40 / 1035 / 207	0,75 0,88 1,00 1,13 1,25 1,50	0,073 0,085 0,097 0,109 0,121 0,145	15 18 21 24,5 27 35	1,25 1,60 1,95 2,28 2,60 3,25	1,30 1,65 2,00 2,47 2,90 3,80	6,00 8,80 11,50 15,30 18,60 25,50	6,80 7,80 8,60 9,34 10,00 11,20	60
40/183	119 64 / 40 / 143 40 / 915 / 183	0,75 0,88 1,00 1,13 1,25 1,50	0,082 0,096 0,109 0,123 0,137 0,164	21,6 27,7 35,2 39,8 44,1 52,9	1,40 1,80 2,20 2,60 3,00 3,80	1,80 2,42 3,00 3,56 4,08 5,16	5,00 9,40 13,60 18,10 22,20 30,80	10,18 17,72 24,68 32,22 39,18 53,68	60
60/200	100 100 / 59 / 153,2 46,8 / 800 / 200	0,75 0,88 1,00 1,13 1,25 1,50	0,086 0,101 0,115 0,130 0,144 0,173	54 64 73 83 92 111	2,50 3,35 4,15 4,95 5,65 6,65	3,10 3,96 4,79 5,75 6,69 8,70	9,45 11,60 13,95 16,90 20,10 28,55	15,5 19,8 24,1 29,1 33,9 44,6	140
70/200	100 100 / 70 / 150 50 / 800 / 200	0,75 0,88 1,00 1,13 1,25 1,50	0,094 0,110 0,125 0,141 0,156 0,188	80,4 96 109 124 138 166	3,75 4,90 5,80 6,65 7,30 8,60	4,25 5,25 6,20 7,25 8,25 10,30	5,10 5,70 6,20 6,70 7,10 8,00	12,7 14,1 15,4 16,5 17,7 19,8	140
80/307	175 132 / 80 / 267 40 / 922 / 307	0,75 0,88 1,00 1,13 1,25 1,50	0,081 0,095 0,108 0,122 0,136 0,163	75 89 101 115 128 154	2,19 2,59 2,96 3,36 3,73 4,51	2,83 3,55 4,06 4,61 5,12 6,17	4,14 4,90 5,60 6,36 7,06 8,52	11,46 15,57 17,51 19,88 22,07 26,64	120
100/275	140 135 / 100 / 235 40 / 825 / 275	0,75 0,88 1,00 1,13 1,25 1,50	0,09 0,106 0,120 0,136 0,150 0,180	155,1 170,3 191,4 226,6 274,5 331,5	2,45 3,66 4,93 6,43 7,93 9,57	4,52 6,21 7,85 9,64 11,25 13,57	4,80 7,14 9,53 12,27 14,88 17,96	12,96 18,23 24,13 31,91 40,52 48,90	140
150/250	140 110 / 150 / 210 40 / 750 / 250	0,75 0,88 1,00 1,13 1,25 1,50	0,120 0,141 0,160 0,181 0,201 0,241	410 486 555 630 699 844	6,52 9,64 12,32 14,70 16,32 19,69	8,55 10,99 14,04 17,05 19,13 23,08	6,32 10,26 13,42 15,77 17,50 21,12	19,22 28,40 35,84 41,81 46,40 55,99	160
160/250	119 131 / 158 / 209 41 / 750 / 250	0,75 0,88 1,00 1,13 1,25 1,50 1,75 2,00	0,121 0,142 0,161 0,182 0,201 0,242 0,282 0,322	458 542 619 703 780 942 1100 1260	7,20 9,53 12,0 13,6 15,1 18,3 21,4 24,5	8,75 11,7 14,1 16,2 18,1 22,0 25,9 29,8	6,70 10,0 13,1 14,9 16,5 19,9 23,3 26,7	21,9 32,4 42,3 48,0 53,3 64,2 75,2 86,3	160

STAHL — QUERSCHNITTSWERTE — St 2

2.11 QUADRATROHRE

Quadratrohre und Rechteckrohre sind nach verschiedenen Werksangaben aufgestellt. Sie geben nur eine Auswahl wieder.

Werkstoffe: Kaltverformbare Stähle nach DIN 17 100, DIN 1623 u. DIN 1624.

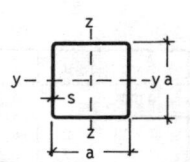

a in mm	s	A cm²	G kg/m	I cm⁴	W cm³	i cm	a in mm	s	A cm²	G kg/m	I cm⁴	W cm³	i cm
40	2	2,9	2,3	6,9	3,57	1,54	140	6,3	32,3	25,4	941	134	5,39
	3	4,2	3,3	9,3	4,7	1,49		7	35,5	27,9	1020	145	5,36
	4	5,4	4,2	11,1	5,5	1,44		8	40,0	31,4	1127	161	5,30
50	2	3,7	2,9	14,2	5,7	1,95	150	4	22,9	18,0	808	108	5,94
	3,2	5,7	4,5	20,4	8,2	1,89		5	28,1	22,1	970	129	5,87
	4	7,0	5,5	23,7	9,5	1,85		6,3	34,9	27,4	1174	156	5,80
60	2	4,5	3,6	25,2	8,4	2,35	160	4	24,6	19,3	987	123	6,34
	3	6,6	5,2	35,13	11,7	2,31		5	30,1	23,7	1189	149	6,27
	4	8,6	6,7	43,6	14,5	2,26		6,3	37,4	29,3	1442	180	6,21
70	3	7,8	6,1	57,5	16,4	2,71		7	41,2	32,3	1569	196	6,17
	4	10,1	8,0	72,1	20,6	2,67		8	46,4	36,5	1741	218	6,12
	5	12,1	9,5	82,0	23,4	2,59		10	55,7	43,7	1990	249	5,97
80	3	9,0	7,1	87,8	22,0	3,12	180	5	34,1	26,8	1719	191	7,09
	4	11,8	9,2	111	27,8	3,07		6,3	42,4	33,3	2096	233	7,03
	5	14,1	11,1	128	32,0	3,0		8	52,8	41,5	2546	283	6,94
90	3	10,2	8,0	127	28,3	3,53		10	63,7	50,0	2945	327	6,79
	3,2	10,9	8,5	135	29,9	3,52		12,5	77,0	60,5	3406	379	6,65
	4	13,3	10,5	162	36,0	3,48	200	6,3	47,5	37,3	2922	292	7,85
	5	16,1	12,7	189	41,9	3,41		8	59,2	46,5	3567	357	7,75
	6,3	19,7	15,5	221	49,1	3,35		10	71,7	56,3	4162	416	7,61
100	3	11,4	9,0	177	35,4	3,94	220	6,3	52,5	41,2	3940	358	8,66
	4	15,0	11,7	226	45,3	3,89		8	65,6	51,5	4828	439	8,57
	5	18,1	14,2	266	53,1	3,82		10	79,7	62,6	5675	516	8,43
	6,3	22,3	17,5	314	62,8	3,76	260	8	78,4	61,6	8178	629	10,2
110	3	12,6	9,9	238,3	43,3	4,35		10	95,7	75,1	9715	747	10,1
	4	16,6	13,0	306	55,6	4,3		12,5	117,0	81,1	11550	888	9,93
	5	20,1	15,8	361	65,7	4,23	280	8	84,8	66,6	10320	737	11,0
	6	23,7	18,6	415	75,5	4,18		10	104,0	81,4	12310	879	10,9
120	4	18,2	14,3	402	67,1	4,17		12,5	127,0	99,7	14690	1049	10,8
	5	22,1	17,4	478	79,6	4,64	300	8	91,2	71,6	12800	853	11,8
	6,3	27,3	21,4	572	95,3	4,58		10	112,0	87,7	15320	1021	11,7
	7	30,0	23,5	617	102,8	4,54		12,5	137,0	108,0	18350	1223	11,6
	8	33,6	26,4	677	113,0	4,49	320	8	97,6	76,6	15650	978	12,7
125	4	18,9	14,9	457	73,1	4,91		10	120,0	94,0	18790	1174	12,5
	5	23,1	18,2	544	87,0	4,85		12,5	147,0	115,0	22570	1411	12,4
	6	27,3	21,4	628	100,0	4,79	350	8	107,0	84,2	20680	1182	13,9
140	4	21,3	16,8	651	92,9	5,52		10	132,0	103,0	24920	1424	13,8
	5	26,1	20,5	780	111,0	5,56		12,5	162,0	127,0	30040	1717	13,6

I = Trägheitsmoment (cm⁴)   W = Widerstandsmoment (cm³)
i = $\sqrt{I/A}$ = Trägheitshalbmesser (cm)

St 2 QUERSCHNITTSWERTE — STAHL

2.12 RECHTECKROHRE

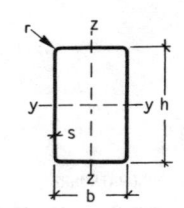

h x b in mm	s	r	A cm²	G kg/m	I_y cm⁴	W_y cm³	i_y cm	I_z cm⁴	W_z cm³	i_z cm
40 x 30	2	4	2,5	1,99	5,60	2,7	1,47	3,50	2,1	1,17
	3	6	3,6	2,83	7,3	3,6	1,41	4,60	3,1	1,12
50 x 30	2	4	2,9	2,31	9,5	3,8	1,8	4,3	2,8	1,21
	3,2	6,4	4,4	3,49	13,4	5,3	1,73	5,9	3,9	1,15
60 x 40	2	4	3,7	2,93	18,4	6,1	2,22	9,8	4,9	1,62
	3,2	6,4	5,7	4,50	26,6	8,9	2,15	14,1	7,0	1,57
70 x 40	2	4	4,1	3,24	26,9	7,7	2,54	11,3	5,6	1,65
	3	6	6,0	4,71	37,3	10,7	2,49	15,5	7,7	1,60
80 x 40	3,2	6,4	7,0	5,5	54,9	13,7	2,80	18,4	9,2	1,62
	5	12,5	10,1	7,96	71,6	17,9	2,66	23,8	11,9	1,53
80 x 60	3	6	7,8	6,12	70,0	17,51	2,99	44,9	14,96	2,39
	5	12,5	12,1	9,52	99,8	24,95	2,86	63,7	21,23	2,29
90 x 50	3,2	8,4	8,3	6,51	86,3	19,2	3,23	34,4	13,8	2,04
	4	8	10,2	7,97	103	22,8	3,18	40,7	16,3	2,00
100 x 40	3	6	7,8	6,12	92,3	18,46	3,43	21,7	10,83	1,66
	4	8	10,1	7,96	115,7	23,13	3,37	26,7	13,34	1,62
100 x 50	4	8	10,9	8,59	134,1	26,82	3,5	44,9	17,97	2,02
	5	12,5	12,1	9,52	130,2	26,03	3,27	29,9	14,95	1,56
100 x 60	4	8	11,8	9,22	153	30,5	3,6	68,7	22,9	2,42
	5	12,5	14,1	11,1	175	35,1	3,52	78,9	26,3	2,36
120 x 60	4	8	13,4	10,5	241	40,1	4,25	81,3	27,1	2,47
	5	12,5	16,1	12,7	279	46,5	4,15	94,1	31,3	2,41
	6,3	15,8	19,7	15,5	327	54,4	4,07	109	36,4	2,35
120 x 80	5	12,5	18,1	14,2	345	57,6	4,36	184	46,1	3,18
	6,3	15,8	22,3	17,5	409	68,1	4,28	217	54,3	3,12
120 x 100	6	15	23,7	18,6	4729	78,8	4,47	356,8	71,4	3,88
	7	17,5	27,2	21,3	527,8	87,9	4,41	397,7	79,5	3,83
140 x 70	5	12,5	19,1	15,0	460,9	65,8	4,91	156,1	44,6	2,86
140 x 80	4	8	16,6	13	430	61,4	5,09	180	45,1	3,3
	5	12,5	20,1	15,8	506	72,4	5,0	212	53,1	3,24
	6,3	15,8	24,8	19,4	603	86,1	4,93	251	62,9	3,19
	7	17,5	27,2	21,3	648,9	92,7	4,89	269,9	67,5	3,15
150 x 50	4	8	14,9	11,7	381,4	50,9	5,05	66,2	26,5	2,1
	6	15	21,3	16,7	505,9	67,5	4,87	86	34,4	2,01
	5	12,5	23,1	18,2	707	94,3	5,52	379	75,7	4,04
150 x 100	6,3	15,8	28,6	22,4	848	113	5,45	453	90,5	3,98
160 x 80	4	8	18,2	14,3	598	74,7	7,74	204	50,9	3,35
	5	12,5	22,1	17,4	708	88,5	5,65	241	60,2	3,29
160 x 90	5	12,5	23,1	18,2	768	96	5,76	315,1	70,0	3,69
	8	20	35,2	27,6	1093,7	136,7	5,57	443,5	98,5	3,55
180 x 80	5	12,5	24,1	18,9	953,5	106	6,29	268,8	67,2	3,34
	6	15,0	28,5	22,4	1102,5	122,5	6,22	308,8	77,2	3,29
	8	20	36,8	28,9	1361,7	151,3	6,00	376,6	94,1	3,2
180 x 100	4	8	21,4	16,8	926	103	6,59	374	74,8	4,18
	5	12,5	26,1	20,5	1107	123	6,51	446	89,3	4,13
	6,3	15,8	32,3	25,4	1335	148	6,43	536	107	4,07
200 x 120	6,3	15,8	37,4	29,3	1976	198	7,27	898	150	4,9
	10	30	55,7	43,7	27,17	272	6,98	1230	205	4,70
220 x 120	6	15,0	38,1	29,9	2401,5	218,3	7,94	941,2	156,9	4,97
	8,8	26,4	53,4	41,9	3174,6	288,6	7,71	1240,0	206,7	4,82

I = Trägheitsmoment (cm⁴) W = Widerstandsmoment (cm³)
i = $\sqrt{I/A}$ = Trägheitshalbmesser (cm)

STAHL QUERSCHNITTSWERTE St 2

2.13 WABENTRÄGER (Beispiel)

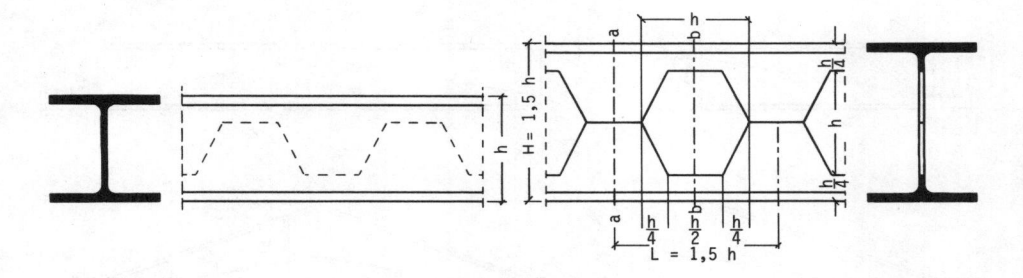

Diese Träger werden gewonnen durch zahnstangenartiges Trennen von I-Profilen und wieder Verschweißen mit größerer Höhe. Dies führt zu Erhöhung der Tragfähigkeit.

IPB	H	s	t	A_a	A_b	G	I_{y_a}	W_{y_a}	I_{y_b}	W_{y_b}
	mm	mm	mm	cm²	cm²	kp/m	cm⁴	cm³	cm⁴	cm³
100	150	6	10	29,0	23,0	20,4	1 140	152	1 090	145
120	180	6,5	11	37,9	30,1	26,7	2 170	241	2 080	231
140	210	7	12	47,9	38,1	33,7	3 770	359	3 610	341
160	240	8	13	60,7	47,9	42,6	6 230	519	5 950	496
180	270	8,5	14	73,0	57,7	51,2	9 540	706	9 120	676
200	300	9	15	87,1	69,1	61,3	14 150	943	13 550	903
220	330	9,5	16	101	80,6	71,5	20 070	1 220	19 200	1 160
240	360	10	17	118	94,0	83,2	27 860	1 550	26 700	1 480
260	390	10	17,5	131	105	93,0	36 780	1 890	35 320	1 810
280	420	10,5	18	146	116	103	47 430	2 260	45 510	2 170
300	450	11	19	166	133	117	61 870	2 750	59 420	2 640
320	480	11,5	20,5	179	143	127	75 930	3 160	72 790	3 030
340	510	12	21,5	191	151	134	90 430	3 550	86 500	3 380
360	540	12,5	22,5	204	159	142	106 700	3 970	101 900	3 770
400	600	13,5	24,	225	171	155	143 000	4 770	135 700	4 520
450	675	14	26	250	187	171	198 400	5 880	187 800	5 560
500	750	14,5	28	275	203	187	266 700	7 110	251 600	6 710
550	825	15	29	295	213	199	341 100	8 270	320 270	7 760
600	900	15,5	30	317	224	212	428 020	9 510	400 123	8 890
650	975	16	31	338	234	225	528 700	10 850	492 080	10 090
700	1 050	17	32	366	247	241	648 240	12 350	599 650	11 420
800	1 200	17,5	33	404	264	262	911 235	15 190	836 570	13 940
900	1 350	18,5	35	455	288	291	1 262 360	18 700	1 149 970	17 040
1 000	1 500	19	36	495	305	314	1 657 320	22 100	1 498 990	19 990

St 2 — QUERSCHNITTSWERTE — STAHL

2.14 DACHFÖRMIGER TRÄGER

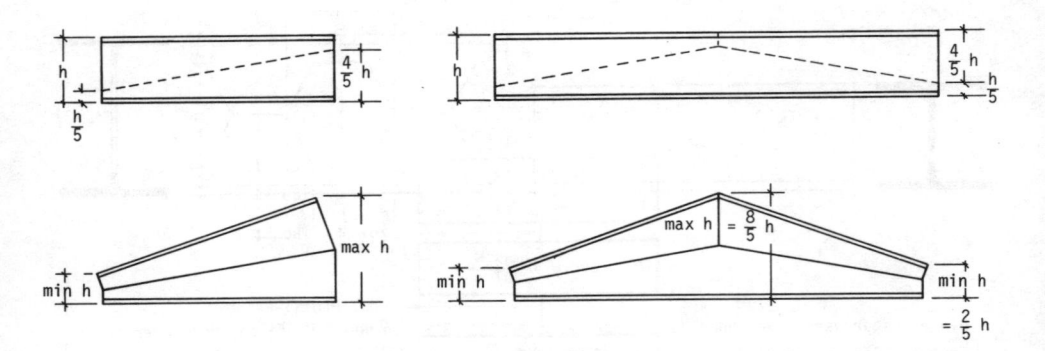

Abb. 1
Verwendung z.B. für Rahmenstiele, Krag- und Schleppdächer und Masten

Abb. 2
Verwendung z.B. als Träger auf 2 Stützen für Flachdächer mit geringster Konstruktionshöhe. Keine Schweißnaht im Zuggurt

IPB	b	s	t	r	auf die größere Höhe bezogen				auf die kleinere Höhe bezogen		
					max h	max A	max I_y	max W_y	min h	min I_y	min W_y
	mm	mm	mm	mm	mm	cm^2	cm^4	cm^3	mm	cm^4	cm^3
100	100	6	10	12	160	29,6	1 320	165	40	47,8	23.9
120	120	6,5	11	12	192	38,7	2 510	262	48	95,3	39,7
140	140	7	12	12	224	48,9	4 360	390	56	171	61,0
160	160	8	13	15	256	62,0	7 200	562	64	285	89,0
180	180	8,5	14	15	288	74,5	11 020	765	72	445	124
200	200	9	15	18	320	88,9	16 350	1 020	80	667	167
220	220	9,5	16	18	352	104	23 160	1 320	88	958	218
240	240	10	17	21	384	120	32 170	1 680	96	1 340	279
260	260	10	17,5	24	416	134	42 460	2 040	104	1 800	348
280	280	10,5	18	24	448	149	54 730	2 440	112	2 350	419
300	300	11	19	27	480	169	71 410	2 980	120	3 070	512
320	300	11,5	20,5	27	512	183	87 640	3 420	128	3 750	586
340	300	12	21,5	27	544	195	104 600	3 840	136	4 460	682
360	300	12,5	22,5	27	576	208	123 300	4 280	144	5 260	731
400	300	13,5	24	27	640	230	165 300	5 160	160	7 040	880
450	300	14	26	27	720	256	229 400	6 370	180	9 790	1 090
500	300	14,5	28	27	800	283	308 600	7 710	200	13 170	1 320

Quelle: Ilseder Hütte Peine

STAHL   BEMESSUNG   St 3

3.1 BIEGUNG

3.1.1 Ablauf der Bemessung eines Stahlträgers

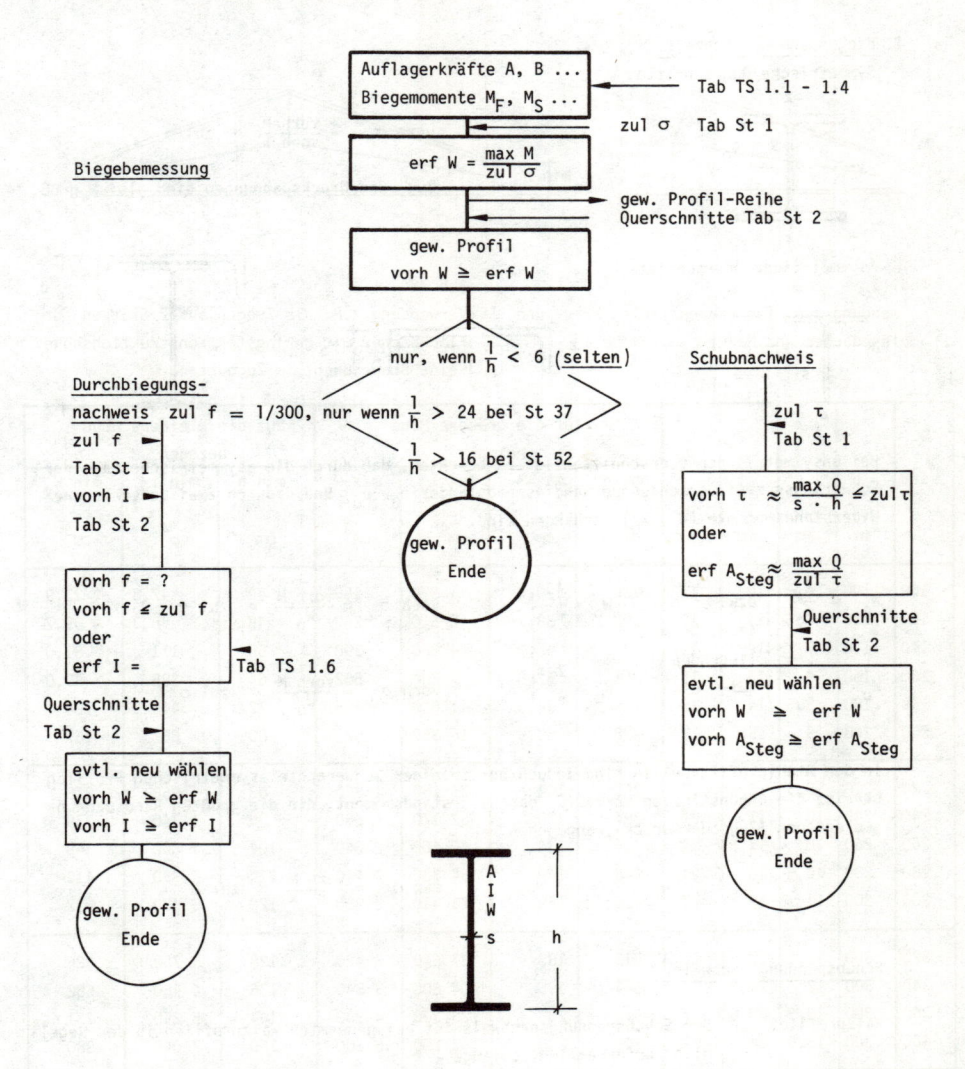

Biegebemessung

Auflagerkräfte A, B ...   ← Tab TS 1.1 – 1.4
Biegemomente M_F, M_S ...
    zul σ Tab St 1

$$\text{erf } W = \frac{\max M}{\text{zul } \sigma}$$

→ gew. Profil-Reihe
    Querschnitte Tab St 2

gew. Profil
vorh $W \geq$ erf W

nur, wenn $\frac{l}{h} < 6$ (selten)

Durchbiegungsnachweis   zul $f = l/300$, nur wenn $\frac{l}{h} > 24$ bei St 37

zul f
Tab St 1
vorh I →
Tab St 2

$\frac{l}{h} > 16$ bei St 52

gew. Profil
Ende

Schubnachweis

zul τ
Tab St 1

vorh $f = ?$
vorh $f \leq$ zul f
oder
erf $I =$ → Tab TS 1.6

Querschnitte
Tab St 2 →

vorh $\tau \approx \frac{\max Q}{s \cdot h} \leq$ zul τ

oder

erf $A_{Steg} \approx \frac{\max Q}{\text{zul } \tau}$

Querschnitte
Tab St 2

evtl. neu wählen
vorh $W \geq$ erf W
vorh $I \geq$ erf I

evtl. neu wählen
vorh $W \geq$ erf W
vorh $A_{Steg} \geq$ erf A_{Steg}

gew. Profil
Ende

gew. Profil
Ende

(Querschnittsskizze: I-Profil mit Bezeichnungen A, I, W, s, h)

3.1.2 Formeln zur Biegebemessung

Statische Werte von Walzprofilen: siehe Tab St 2
Ermittlung der statischen Werte von beliebig
zusammengesetzten Profilen siehe Tab H 2.1

1. Biegespannungsnachweis:

Symmetrische Querschnitte:

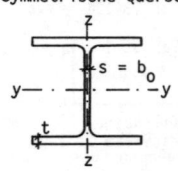

$$\text{vorh } \sigma = \pm \frac{\text{vorh } M}{\text{vorh } W} \leq \text{zul } \sigma$$

Zug- und Druckspannungen sind gleich groß.

Asymmetrische Querschnitte:

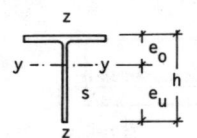

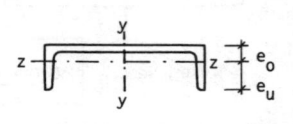

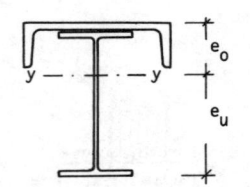

Bei unsymmetrischen Querschnitten ist zu beachten, daß durch die asymmetrische Lage der Schwerachse zwei verschiedene Randfaserabstände (e_o, e_u) und dadurch zwei verschiedene Widerstandsmomente (W_o, W_u) vorhanden sind.

$$W_o = \frac{I_y}{e_o} \quad \text{bzw.} \quad W_o = \frac{I_z}{e_o} \qquad \text{vorh } \sigma_o = \frac{\text{vorh } M}{W_o} \leq \text{zul } \sigma$$

(z.B. beim liegenden ⊔-Profil)

$$W_u = \frac{I_y}{e_u} \qquad \qquad W_u = \frac{I_z}{e_u} \qquad \text{vorh } \sigma_u = \frac{\text{vorh } M}{W_u} \leq \text{zul } \sigma$$

In den Stahlprofiltabellen sind jedoch bei zu einer Schwerachse asymmetrischen Profilen bereits die ungünstigsten Werte für das Widerstandsmoment, die die größten Randspannungen ergeben (Zug oder Druck), angegeben.

$$\max \sigma = \frac{\text{vorh } M}{\min W} \leq \text{zul } \sigma$$

2. Schubspannungsnachweis:

Walzprofile: Der Schubspannungsnachweis ist bei genormten Walzprofilen in der Regel <u>nicht</u> erforderlich, solange $\frac{l}{h} \geq 6$.

sonst $\quad \text{vorh } \tau \cong \frac{\max Q}{A_{Steg}} \leq \text{zul } \tau$

STAHL   BEMESSUNG   St 3

Beliebig zusammengesetzte Profile:

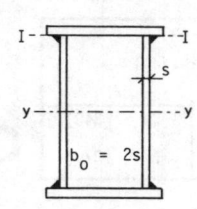

Nachzuweisen sind die Schubspannungen im Steg (in der Schwerachse) und die Verbindungsmittel in den Fugen der Anschlüsse (z.B. Schweißnähte).

Nachweis in der Schwerachse:
(für den Steg)

$$\text{vorh } \tau_o = \frac{Q \cdot S}{I_y \cdot b_o} \leq \text{zul } \tau$$

Nachweis in einer außerhalb der Schwerachse liegenden Fuge:
z.B. Fuge I - I
als Anschlußfuge zur Bemessung der Schweißnähte

$$\text{vorh } \tau_I = \frac{Q \cdot S_I}{I_y \cdot 2a} \leq \text{zul } \tau$$

leichte/volle Kehlnaht

Maßgebend ist hierbei zul τ für geschweißte Verbindungen.
Angaben über Schweißnähte: Tab St 4

3. Nachweis der Durchbiegung:

nur wenn $\frac{l}{h} > 24$ bei zul $f = 1/300$

oder $\frac{l}{h} > 36$ bei zul $f = 1/200$ $\Big\}$ bei St 37

vorh $f \leq$ zul f vorh f nach Tab. TS
zul f nach Tab. St 1

oder erf $I = k_o \cdot \max M \cdot l$ (Einfeldträger)

oder erf $I = k_o \cdot M_o \cdot l - k_m \cdot M_m \cdot l$ (Durchlaufträger, sehr selten Nachweis erforderlich)

k_o, k_m - Werte $\rightarrow$ Tab TS 1.6

vorh $I \geq$ erf I

St 3 | BEMESSUNG | STAHL

3.2 LÄNGSKRAFT

3.2.1 Zulässige Spannungen kN/cm² (N/mm²)

	St 37 bei Lastfall		St 52 bei Lastfall	
	H	HZ	H	HZ
Druck und Biegedruck	14 (140)	16 (160)	21 (210)	24 (240)
Zug und Biegezug	16 (160)	18 (180)	24 (240)	27 (270)

σ

Es bedeuten:

Lastfall H = Hauptlasten:
    ständige Last (Eigengewicht)
    Verkehrslasten
    Schneelasten

Lastfall HZ = Haupt- und Zusatzlast:
    Hauptlasten
    Windlasten
    Waagerechte Seitenkräfte
    (z.B. Bremskräfte von Kranen)
    Einfluß von Temperaturänderungen

3.2.2 Knickberechnung für einteilige Stützen

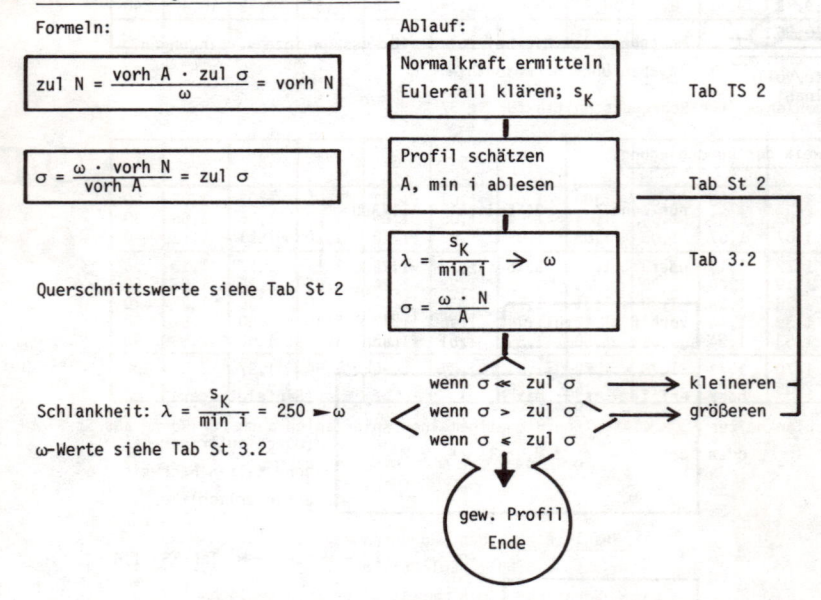

Formeln:

$$\text{zul } N = \frac{\text{vorh } A \cdot \text{zul } \sigma}{\omega} = \text{vorh } N$$

$$\sigma = \frac{\omega \cdot \text{vorh } N}{\text{vorh } A} = \text{zul } \sigma$$

Querschnittswerte siehe Tab St 2

Schlankheit: $\lambda = \frac{s_K}{\min i} = 250 \rightarrow \omega$

ω-Werte siehe Tab St 3.2

Ablauf:

- Normalkraft ermitteln; Eulerfall klären; s_K — Tab TS 2
- Profil schätzen; A, min i ablesen — Tab St 2
- $\lambda = \frac{s_K}{\min i} \rightarrow \omega$; $\sigma = \frac{\omega \cdot N}{A}$ — Tab 3.2
- wenn σ ≪ zul σ → kleineren
- wenn σ > zul σ → größeren
- wenn σ ≤ zul σ → gew. Profil Ende

Beachten: Unterschiedliche Knickzahlen ω für verschiedene Profile (offene Profile und Rohre) und Stahlqualitäten (St 37 und St 52)!

Überschlag: Zum groben Ermitteln der erforderlichen Querschnittsfläche einer Stütze kann erf A in den Tragfähigkeitstabellen für IPB oder Rohre (s. 3.2.5) in Abhängigkeit von s_K die Gebrauchslast zul N ≥ vorh N aufgesucht werden. Die dort angegebene Fläche A kann näherungsweise auch bei einer anderen Profilreihe als erforderlich angesehen werden.

STAHL BEMESSUNG St 3

3.2.3 Allgemeine Knickzahlen ω für St 37

λ	0	1	2	3	4	5	6	7	8	9	λ
20	1,04	1,04	1,04	1,05	1,05	1,06	1,06	1,07	1,07	1,08	20
30	1,08	1,09	1,09	1,10	1,10	1,11	1,11	1,12	1,13	1,13	30
40	1,14	1,14	1,15	1,16	1,16	1,17	1,18	1,19	1,19	1,20	40
50	1,21	1,22	1,23	1,23	1,24	1,25	1,26	1,27	1,28	1,29	50
60	1,30	1,31	1,32	1,33	1,34	1,35	1,36	1,37	1,39	1,40	60
70	1,41	1,42	1,44	1,45	1,46	1,48	1,49	1,50	1,52	1,53	70
80	1,55	1,56	1,58	1,59	1,61	1,62	1,64	1,66	1,68	1,69	80
90	1,71	1,73	1,74	1,76	1,78	1,80	1,82	1,84	1,86	1,88	90
100	1,90	1,92	1,94	1,96	1,98	2,00	2,02	2,05	2,07	2,09	100
110	2,11	2,14	2,16	2,18	2,21	2,23	2,27	2,31	2,35	2,39	110
120	2,43	2,47	2,51	2,55	2,60	2,64	2,68	2,72	2,77	2,81	120
130	2,85	2,90	2,94	2,99	3,03	3,08	3,12	3,17	3,22	3,26	130
140	3,31	3,36	3,41	3,45	3,50	3,55	3,60	3,65	3,70	3,75	140
150	3,80	3,85	3,90	3,95	4,00	4,06	4,11	4,16	4,22	4,27	150
160	4,32	4,38	4,43	4,49	4,54	4,60	4,65	4,71	4,77	4,82	160
170	4,88	4,94	5,00	5,05	5,11	5,17	5,23	5,29	5,35	5,41	170
180	5,47	5,53	5,59	5,66	5,72	5,78	5,84	5,91	5,97	6,03	180
190	6,10	6,16	6,23	6,29	6,36	6,42	6,49	6,55	6,62	6,69	190
200	6,75	6,82	6,89	6,96	7,03	7,10	7,17	7,24	7,31	7,38	200
210	7,45	7,52	7,59	7,66	7,73	7,81	7,88	7,95	8,03	8,10	210
220	8,17	8,25	8,32	8,40	8,47	8,55	8,63	8,70	8,78	8,86	220
230	8,93	9,01	9,09	9,17	9,25	9,33	9,41	9,49	9,57	9,65	230
240	9,73	9,81	9,89	9,97	10,05	10,14	10,22	10,30	10,39	10,47	240
250	10,55										

Knickzahlen ω für Rohrquerschnitte für St 37

λ	0	1	2	3	4	5	6	7	8	9	λ
20	1,00	1,00	1,00	1,00	1,01	1,01	1,01	1,02	1,02	1,02	20
30	1,03	1,03	1,04	1,04	1,04	1,05	1,05	1,05	1,06	1,06	30
40	1,07	1,07	1,08	1,08	1,09	1,09	1,10	1,10	1,11	1,11	40
50	1,12	1,13	1,13	1,14	1,15	1,15	1,16	1,17	1,17	1,18	50
60	1,19	1,20	1,20	1,21	1,22	1,23	1,24	1,25	1,26	1,27	60
70	1,28	1,29	1,30	1,31	1,32	1,33	1,34	1,35	1,36	1,37	70
80	1,39	1,40	1,41	1,42	1,44	1,45	1,47	1,48	1,50	1,51	80
90	1,53	1,54	1,56	1,58	1,59	1,61	1,63	1,64	1,66	1,68	90
100	1,70	1,73	1,76	1,79	1,83	1,87	1,90	1,94	1,97	2,01	100
110	2,05	2,08	2,12	2,16	2,20						

Bei Schlankheiten λ > 114 gelten die allgemeinen Knickzahlen auch für Rohre aus St 37

3.2.4 Beispiel

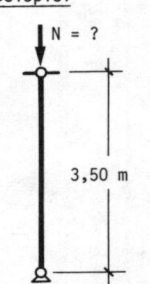

Stahlstütze, oben und unten unverschieblich gelagert
$h = s_k = 3{,}50$ m, Eulerfall 2,
Quadratrohr 160/5 mm; St 37, zul σ = 14 kN/cm²

gesucht: zul N
$A = 30{,}4$ cm², min $i = 6{,}29$ cm

$\lambda = \dfrac{350}{6{,}29} = 56 \rightarrow \omega = 1{,}16$

zul $N = \dfrac{\text{vorh } A \cdot \text{zul } \sigma}{\omega} = \dfrac{30{,}4 \cdot 14{,}0}{1{,}16} = 367$ kN

N = ?
3,50 m

3.2.3 Allgemeine Knickzahlen ω für St 52

λ	0	1	2	3	4	5	6	7	8	9	λ
20	1,06	1,06	1,07	1,07	1,08	1,08	1,09	1,09	1,10	1,11	20
30	1,11	1,12	1,12	1,13	1,14	1,15	1,15	1,16	1,17	1,18	30
40	1,19	1,19	1,20	1,21	1,22	1,23	1,24	1,25	1,26	1,27	40
50	1,28	1,30	1,31	1,32	1,33	1,35	1,36	1,37	1,39	1,40	50
60	1,41	1,43	1,44	1,46	1,48	1,49	1,51	1,53	1,54	1,56	60
70	1,58	1,60	1,62	1,64	1,66	1,68	1,70	1,72	1,74	1,77	70
80	1,79	1,81	1,83	1,86	1,88	1,91	1,93	1,95	1,98	2,01	80
90	2,05	2,10	2,14	2,19	2,24	2,29	2,33	2,28	2,43	2,48	90
100	2,53	2,58	2,64	2,69	2,74	2,79	2,85	2,90	2,95	3,01	100
110	3,06	3,12	3,18	3,23	3,29	3,35	3,41	3,47	3,53	3,59	110
120	3,65	3,71	3,77	3,83	3,89	3,96	4,02	4,09	4,15	4,22	120
130	4,82	4,35	4,41	4,48	4,55	4,62	4,69	4,75	4,82	4,89	130
140	4,96	5,04	5,11	5,18	5,25	5,33	5,40	5,47	5,55	5,62	140
150	5,70	5,78	5,85	5,93	6,01	6,09	6,16	6,24	6,32	6,40	150
160	6,48	6,57	6,65	6,73	6,81	6,90	6,98	7,06	7,15	7,23	160
170	7,32	7,41	7,49	7,58	7,67	7,76	7,85	7,94	8,03	8,12	170
180	8,21	8,30	8,39	8,48	8,58	8,67	8,76	8,86	8,95	9,05	180
190	9,14	9,24	9,34	9,44	9,53	9,63	9,73	9,83	9,93	10,03	190
200	10,13	10,23	10,34	10,44	10,54	10,65	10,75	10,85	10,96	11,06	200
210	11,17	11,28	11,38	11,49	11,60	11,71	11,82	11,93	12,04	12,15	210
220	12,26	12,37	12,48	12,60	12,71	12,82	12,94	13,05	13,17	13,28	220
230	13,40	13,52	13,63	13,75	13,87	13,99	14,11	14,23	14,35	14,47	230
240	14,59	14,71	14,83	14,96	15,08	15,20	15,33	15,45	15,58	15,71	240
250	15,83										

Knickzahlen ω für Rohrquerschnitte für St 52

λ	0	1	2	3	4	5	6	7	8	9	λ
20	1,02	1,02	1,02	1,03	1,03	1,03	1,04	1,04	1,05	1,05	20
30	1,05	1,06	1,06	1,07	1,07	1,08	1,08	1,09	1,10	1,10	30
40	1,11	1,11	1,12	1,13	1,13	1,14	1,15	1,16	1,16	1,17	40
50	1,18	1,19	1,20	1,21	1,22	1,23	1,24	1,25	1,26	1,27	50
60	1,28	1,30	1,31	1,32	1,33	1,35	1,36	1,38	1,39	1,41	60
70	1,42	1,44	1,46	1,47	1,49	1,51	1,53	1,55	1,57	1,59	70
80	1,62	1,66	1,71	1,75	1,79	1,83	1,88	1,92	1,97		80

Bei Schlankheiten λ > 88 gelten die allgemeinen Knickzahlen auch für Rohre aus St 52

3.2.4 Beispiel

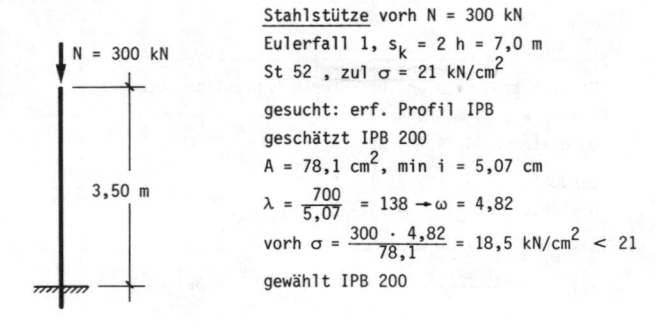

$N = 300$ kN

$3,50$ m

Stahlstütze vorh $N = 300$ kN
Eulerfall 1, $s_k = 2 h = 7,0$ m
St 52 , zul $\sigma = 21$ kN/cm²

gesucht: erf. Profil IPB
geschätzt IPB 200
$A = 78,1$ cm², min $i = 5,07$ cm
$\lambda = \dfrac{700}{5,07} = 138 \rightarrow \omega = 4,82$
vorh $\sigma = \dfrac{300 \cdot 4,82}{78,1} = 18,5$ kN/cm² < 21
gewählt IPB 200

STAHL BEMESSUNG St 3

3.2.5 Zulässige Lasten für Stahlstützen

Gebrauchslast zul N in [kN] von Breitflansch-I-Stahlstützen aus St 37   zul σ = 14 kN/cm² [1]

IPB	A cm²	i_z cm	\multicolumn{10}{c}{Knicklänge s_K in m}
			2,00	2,50	3,00	3,50	4,00	4,50	5,00	5,50	6,00	6,50	7,00
IPB 100	26,0	2,53	238	194	153	113	86,2	68,2	55,2	45,6	83,3	-	-
IPB 120	34,0	3,06	353	303	256	215	165	130	105	87,5	73,3	62,5	53,8
IPB 140	43,0	3,58	478	432	376	325	280	226	183	151	127	108	93,3
IPB 160	54,3	4,05	633	580	521	461	406	355	295	244	205	174	151
IPB 180	65,3	4,57	788	737	675	616	547	489	435	374	314	267	231 [2]
IPB 200	78,1	5,07	964	909	846	781	715	648	584	526	463	393	340
IPB 220	91,0	5,59	1148	1098	1027	960	892	818	750	682	619	558	481
IPB 240	106	6,08	1349	1302	1237	1159	1091	1016	938	863	792	725	664
IPB 260	118	6,58	1530	1462	1400	1340	1261	1188	1109	1026	955	879	813
IPB 280	131	7,09	1714	1657	1595	1528	1456	1379	1292	1207	1132	1054	978
IPB 300	149	7,58	1968	1896	1830	1768	1696	1617	1534	1439	1363	1372	1199
IPB 320	161	7,57	2126	2049	1977	1910	1833	1747	1657	1554	1473	1374	1295
IPB 340	171	7,53	2237	2176	2100	2029	1946	1842	1760	1651	1545	1460	1376
IPB 360	181	7,49	2368	2304	2223	2129	2060	1949	1850	1748	1635	1527	1456
IPB 400	198	7,40	2591	2520	2432	2329	2235	2116	1994	1899	1777	1650	1540

[1] Für zul σ = 16 kN/cm² muß der Tafelwert für zul N noch mit 1,6/1,4 = 1,143 multipliziert werden.   [2] Oberhalb der Staffellinie λ > 150.

Gebrauchslast zul N in [kN] einer Auswahl von Stahlrohren für einteilige Druckstäbe aus St 37 mit zul σ = 14 kN/cm².

Ø mm	Wand- dicke mm	A cm²	i cm	\multicolumn{10}{c}{Knicklänge s_K in m}
				2,0	2,5	3,0	3,5	4,0	4,5	5,0	5,5	6,0	7,0
42,3	3,2	3,94	1,39	15,8	10,1	7,0							
	4	4,83	1,36	18,5	11,8	8,2							
48,3	3,2	4,53	1,60	24,0	15,4	10,7	7,8						
	4	5,57	1,57	28,4	18,2	12,6	9,3						
60,3	4	7,07	2,00	58,2	37,5	26,0	19,1	14,7	11,6	9,4			
76,1	4	9,06	2,55	91,6	76,4	54,3	39,8	30,5	21,4	19,5	16,1	13,6	
	5,6	12,4	2,50	125	102	71,4	52,4	40,0	31,7	25,7	21,2	17,8	
88,9	4	10,7	3,00	120	105	88,1	65,1	49,9	39,4	31,9	26,3	22,1	16,1
	5,6	14,7	2,95	163	141	117	86,6	66,2	52,4	42,4	35,0	29,4	21,6
101,6	4	12,3	3,45	147	131	116	98,8	75,0	60,0	48,5	40,0	33,7	24,8
	5,6	16,9	3,40	200	179	158	132	101	79,9	64,7	53,5	45,0	33,0 [1]
114,3	4	13,9	3,90	172	159	144	115	109	86,5	70,0	57,9	48,7	35,7
	5,6	19,1	3,85	237	218	197	174	146	116	93,8	77,5	65,2	47,9
	8	26,7	3,77	328	300	270	237	196	155	126	103	87,3	64,2
139,7	4	17,1	4,80	222	211	198	182	168	150	130	107	90,7	66,7
	5,6	23,6	4,75	306	290	272	250	228	206	176	146	122	90,0
	12,5	50,3	4,52	642	607	562	517	465	413	338	280	235	172
168,3	4,5	23,2	5,79	310	300	287	272	255	239	220	201	179	131
	8	40,3	5,67	537	517	495	470	439	409	375	344	298	219
193,7	8	46,7	6,57	634	616	595	572	545	516	487	458	422	340

[1] Für Werte über der unteren Staffellinie λ > 150, über der oberen Staffellinie λ > 200

3.3 LÄNGSKRAFT UND BIEGUNG

1. Zulässige Spannungen

Für die überschlägliche Ermittlung der Querschnitte genügt der Nachweis für die Beanspruchungen durch Hauptlasten.

Beanspruchung	zul σ kN/cm² (N/mm²) ST 37 H	ST 52 H
Druck + Biegedruck wenn Ausknicken der gedrückten Gurte möglich ist.	14 (140)	21 (210)
Zug + Biegezug, Biegedruck, wenn Ausknicken nicht möglich ist.	16 (160)	24 (240)

2. Nachweis

Ein genauer Spannungsnachweis nach DIN 4114 (Abschnitt 10) erfordert mehrere Ansätze.

Überschläglich genügt:

$$\text{vorh } \sigma = \frac{\text{vorh } N \cdot \omega}{\text{vorh } A} \pm \frac{\text{vorh } M}{\text{vorh } W}$$

Der Knickfaktor ω ist für die biegebeanspruchte Achse anzusetzen und den Tab. St 3.2.3 zu entnehmen.

Die Knicksicherheit des Stabes für die biegefreie Achse unter der Längskraft ist gesondert nachzuweisen.

Bei asymmetrischen Profilen haben die Zug- und Druckseite unterschiedliche Widerstandsmomente! Dies ist bei der Ermittlung des Spannungsanteils aus Biegung zu beachten.

3. Biegung in zwei Ebenen und Längskraft

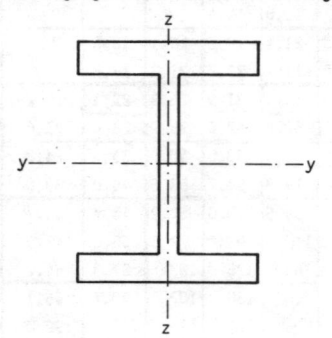

Wird ein Bauteil durch Biegung in verschiedenen Ebenen (M_y und M_z), mit oder ohne Längskraft, beansprucht, und sind je für sich

$$\max (\sigma_N + \sigma_{My}) \leq 0{,}8 \text{ zul } \sigma$$

und

$$\max (\sigma_N + \sigma_{Mz}) \leq 0{,}8 \text{ zul } \sigma$$

so darf die größte Randspannung, die nur an einem Eckpunkt auftritt, $1{,}1 \cdot$ zul σ erreichen.

STAHL KONSTRUKTION St 4

1. Geschweißte Verbindungen

   a) Arten der Schweißnähte

   Kehlnähte

   Nahtdicke a = Höhe des einbeschriebenen gleichschenkligen Dreiecks. Die Mindestdicke für Kehlnähte ist a = 3,0 mm. Die Nahtdicke darf jedoch im allgemeinen $a = 0{,}7 \cdot t_1$ nicht übersteigen, wobei t_1 die Dicke des dünnsten Teiles am Anschluß ist.

   Kehlnähte mit einem kleineren Kehlwinkel als $60°$ sind in der Festigkeitsberechnung als nicht tragend anzunehmen (eine solche Naht kann wegen erschwerter Zugänglichkeit nicht einwandfrei ausgeführt werden).

   Stumpfnähte und
   Doppel HV-Naht
   (K-Naht)

   Die Nahtdicke ist bei Stumpf- und K-Nähten gleich der Dicke der zu verbindenden Teile, wobei im Stoß verschieden dicker Stähle die kleinere Dicke maßgebend ist.

   b) Wirksame Länge einer Schweißnaht

   Mit l wird die Länge der Schweißnähte ohne Endkrater bezeichnet. Die Länge jedes Endkraters ist mindestens gleich der Nahtdicke a anzunehmen.

   End- oder Anfangskrater = Nahtdicke a

   $l = l_1 - 2a$

   $l \geq 15a$

   $l \leq 60a$

   In ein und demselben Anschluß oder Stoß dürfen Schweißnähte nicht mit anderen Verbindungsmitteln (z.B. Nieten oder Schrauben) zur gemeinsamen Kraftübertragung angesetzt und in Rechnung gestellt werden, denn wegen der unterschiedlichen Nachgiebigkeit der verschiedenen Verbindungsmittel wäre deren Zusammenwirken nicht gewährleistet.

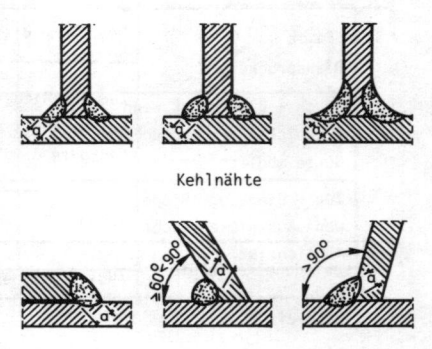

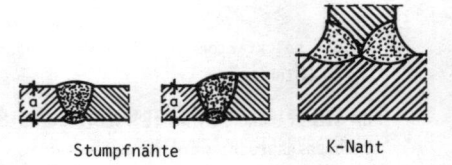

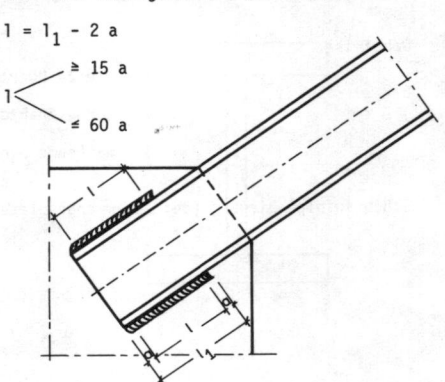

KONSTRUKTION — STAHL

c) Zulässige Spannungen von Schweißnähten

	Beanspruchung kN/cm² (N/mm²)	St 370 (H)	St 520 (H)	
Stumpfnaht K-Naht	Druck und Biegedruck	16 (160)	24 (240)	σ
	Zug und Biegezug bei Nachweis der Nahtgüte	16 (160)	24 (240)	
	Schub	13,5 (135)	17 (170)	τ
verschiedene Kehlnähte	Zug, Druck, Schub	13,5 (135)	17 (170)	

d) Nachweise

Für Stumpf- und Kehlnähte, sowie für Stöße von Bauteilen, die auf Zug, Druck oder Schub beansprucht werden, muß sein:

$$\left.\begin{matrix} \sigma_{Schw} \\ \tau_{Schw} \end{matrix}\right\} = \frac{P}{\Sigma (a \cdot l)} \leq \left\{\begin{matrix} zul\ \sigma_{Schw} \\ zul\ \tau_{Schw} \end{matrix}\right.$$

Dabei ist:

P = die zu übertragende Kraft

a = Schweißnahtdicke

l = wirksame Schweißnahtlänge (ohne Endkrater)

Schub infolge Biegung (bei zusammengesetzten Profilen):   St 3.1.2

STAHL KONSTRUKTION | St 4

2. Verbindungen mit Rohen Schrauben, Paßschrauben und Hochfesten Schrauben

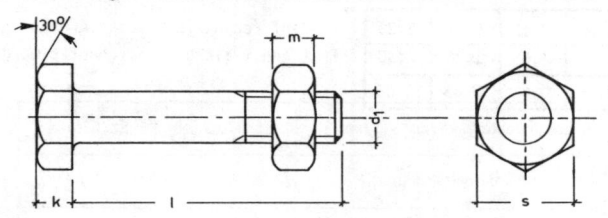

a) Abmessungen und Tragfähigkeiten der Schrauben für LF H und einschnittiger Beanspruchung

Schrauben gibt es für SL-Verbindungen mit den Festigkeiten 4.6 (passend zu Bauteilen aus St 37) und 5.6 (passend zu Bauteilen aus St 52.).
Die Festigkeit 10.9 wird allgemein für vorgespannte GV-Verbindungen verwandt.

Gewinde		mm	M 10	M 12	M 16	M 20	M 22	M 24	M 27	M 30
Schaft-⌀	d_1	Rohe Schraube*	10	12	16	20	22	24	27	30
Loch-⌀	d_2		11	13	17	21	23	25	28	31
Kopfhöhe	k			8	10	13	14	15	17	19
Schlüsselweite	s	**		19	24	30	32	36	41	46
Mutterhöhe	m			10	13	16	18	19	22	24
Symbol			✱	✱	✱	✱	✱	✱	28 ✱	31 ✱
geeignet für Blechdicke (mm)			4-5	5-6	6-8	8-11	10-14	13-17	16-21	20-24
zul Q einer Rohen Schraube 4.6			8,79	12,67	22,52	35,19	42,57	50,67	64,13	
zul Q einer Paßschraube 4.6 (LF H) (einschnittige Beanspruchung)			12	18,58	31,78	48,49	58,17	68,72	86,21	
zul Zugkraft der Rohen Schrauben			5,70	8,32	15,79	24,68	30,93	35,55	46,95	

* Paßschrauben haben 1mm dicken Schaft (füllen das Bohrloch ganz aus).
** Schrauben 10.9 für GV-Verbindungen haben größere Schlüßelweiten um über das Drehmoment die notwendig großen Vorspannungen zu erzeugen.

Schrauben in 5.6 für St 52 haben die 1,5-fache Tragfähigkeit derjenigen in 4.6.
Im Lastfall HZ oder bei zweischnittiger Beanspruchung sind die Tragfähigkeiten höher.

b) Tragfähigkeit von gleitfesten Verbindungen mit hochfesten vorgespannten Schrauben 10.9
Schrauben 10.9 (LF H)

Gewinde	M 12	M 16	M 20	M 22	M 24	M 27	M 30	
Vorspannkraft kN einer HV-Schraube		50	100	160	190	220	290	350 kN
zul Zugkraft P_z		35	70	112	133	154	203	245 kN
zul Scherkraft bei einer Reibfläche mit Lochspiel (GV)		20	40	64	76	88	116	140 kN
mit einer vorhandenen Mindestblechdicke (mm)		5	9	14	16	18	24	mm
zul Scherkraft bei einer Reibfläche ohne Lochspiel (GVP)		38,5	72	112,5	134	156,5	202	245,5 kN

Bei Lastfall HZ oder mehreren Reibflächen sind die Tragfähigkeiten höher

BM | UNBEWEHRTER BETON | BETON & MAUERWERK

Zulässige Druckspannungen von unbewehrtem Beton

BETON	B 5	B 10	B 15	B 25	B 35
$\beta_R = \text{cal }\beta$	0,35	0,70	1,05	1,75	2,30
zul σ_b [kN/cm²]	0,17	0,33	0,5	0,83	1,09

Es darf rechnerisch keine höhere Festigkeit als B 35 ausgenutzt werden.

Sicherheitsbeiwert $\gamma = 2,1$

Knickberechnung

$$\text{zul N} = \frac{\text{vorh A} \cdot \text{zul }\sigma_b}{\omega} \qquad \sigma = \frac{\omega \cdot \text{vorh N}}{\text{vorh A}} \leq \text{zul }\sigma_b$$

$\lambda = \frac{s_K}{i}$
 ≤ 20 für B 5
 ≤ 40 für Pfeiler
 ≤ 70 für Wände

$$e/d = \frac{\text{vorh M}}{\text{vorh N} \cdot d} \leq 0,30$$

Knickzahlen ω in Abhängigkeit von Schlankheit und Ausmittigkeit:

	mittige	außermittige Längskraft					
λ \ e/d	0	0,05	0,10	0,15	0,20	0,25	0,30
0	1,00	1,11	1,25	1,43	1,67	2,00	2,50
5	1,04	1,16	1,31	1,50	1,75	2,11	2,65
10	1,08	1,21	1,37	1,57	1,85	2,24	2,82
15	1,12	1,26	1,43	1,66	1,96	2,38	3,02
20	1,17	1,32	1,51	1,75	2,08	2,55	3,24
25	1,22	1,38	1,59	1,86	2,22	2,73	
30	1,27	1,45	1,68	1,98	2,38	2,95	
35	1,33	1,53	1,79	2,12	2,56	3,20	
40	1,40	1,62	1,90	2,27	2,78	3,50	
45	1,47	1,72	2,03	2,45	3,03		
50	1,56	1,83	2,19	2,67	3,33		
55	1,65	1,96	2,36	2,92	3,70		
60	1,75	2,10	2,57	3,23	4,17		
65	1,87	2,27	2,82	3,60	4,76		
70	2,00	2,47	3,13	4,08	5,56		

(bei B 5 — Pfeiler — Wände)

Beispiel:

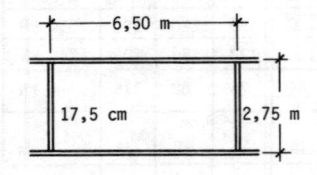

Betonwand 17,5 cm (Alternative zum Mauerwerk) B 15
Die aussteifende Wirkung der Querwände wird vernachlässigt.

(Abmessungen: 6,50 m × 2,75 m; Dicke 17,5 cm)

Schlankheit $\frac{s_K}{d} = \frac{275}{17,5} = 15,7$; $\lambda = 3,46 \cdot 15,7 = 55$;

$e/d = 0$ $\omega = 1,65$; zul $\sigma = 0,5$ kN/cm²

zul N $= \frac{\text{zul }\sigma \cdot A}{\omega} = \frac{0,5 \cdot 100 \cdot 17,5}{1,65} = 530$ kN/m

BETON & MAUERWERK — MATERIALWERTE — BM 1

1.1 BEZEICHNUNG DER STEINARTEN UND FESTIGKEITSKLASSEN

Bezeichnung		Rohdichteklasse kg/dm³	Festigkeitsklassen N/mm²										Vorzugsformate
			2	4	6	8	12	20	28	36	48	60	
Mauerziegel DIN 105 Teil 1 bis 4		0,7			●								5DF, 8DF, 10DF, 12DF, 16DF, 20DF
		0,8			●	●	●						
HLz	Hochlochziegel 0,7-1,4 kg/dm³	0,9			●	●	●						
VHLz	Hochlochziegel, frostbeständig, 1,0-1,4 kg/dm³	1,0			●	●	●						NF, 2DF, 3DF, 5DF
		1,2					●	●					
MZ	Vollziegel 1,6-1,8 kg/dm³	1,4					●	●	●				
VMz	Vollziegel, frostbeständig 1,6-1,8 kg/dm³	1,6					●	●	●				DF, NF, 2DF
KHLz	Hochlochklinker 1,6-1,8 kg/dm³	1,8						●	●	●	●	●	
KMz	Vollklinker 2,0-2,2 kg/dm³	2,0						●	●	●		●	DF, NF
		2,2										●	
Kalksandsteine DIN 106 Teil 1 und 2		0,7	●	●									NF, 2DF, 3DF, 4DF, 5DF, 8DF, 10DF, 12DF, 16DF
		0,8	●	●	●								
KS L	Lochsteine 0,7-1,6 kg/dm³	0,9		●	●	●							
KS Vm L	Vormauersteine, gelocht 1,0-1,6 kg/dm³	1,0			●	●							
KS Vb L	Verblender, gelocht 1,0-1,6 kg/dm³	1,2			●	●							
KS Vm	Vormauersteine, voll 1,8-2,2 kg/dm³	1,4			●	●	●						
KS Vb	Verblender, voll 1,8-2,2 kg/m³	1,6			●	●	●	●					
KS	Vollsteine 1,6-2,2 kg/dm³	1,8				●	●	●	●				DF, NF, 2DF, 3DF, 5DF, 10DF, 12DF, 20DF
		2,0					●	●	●	●	●		
		2,2						●					
Gasbetonsteine DIN 4165		0,4	●										50 / 75 / 100
		0,5	●										
GP	Plansteine, mit Dünnbettmörtel vermauert	0,6		●									240 × 125 / 300 × 150 × 124
G	Blocksteine, mit Normalmörtel vermauert	0,7		●	●								332 × 175 × 174
		0,8		●	●	●							374 × 200 × 249
DIN 18151		0,5	●										175
HBl	Hohlblöcke aus Leichtbeton	0,6	●										490 × 240 × 238 (495) × 300
		0,7	●										
		0,8	●	●									
		0,9	●	●									240 × 365 × 238 (245)
		1,0	●	●	●								
		1,2		●	●	●							
		1,4		●	●	●							
DIN 18152		0,6	●										240 × 115 × 95 / 115 × 113 / 175 × 113
V	Vollsteine aus Leichtbeton	0,7	●	●									
Vbl	Vollblöcke aus Leichtbeton	0,8	●	●	●								
		0,9	●	●									495 × 175 / 240 × 238 / 300
		1,0	●	●									
		1,2	●	●	●								300 × 240 × 115 / 245 × 365 × 238
		1,4		●	●								
		1,6			●	●	●						490 × 240 × 115 / 300 × 115 / 240 × 95
		1,8			●	●	●						
DIN 18153		1,2		●									145 × 115 × 238
Hbn	Mauersteine aus Beton	1,4		●									305 × 115 × 238
		1,6		●	●	●							370 × 115 × 238
		1,8				●							

BM 4 | KONSTRUKTION | BETON & MAUERWERK

CHARAKTERISTISCHE BEISPIELE ALS ENTWURFSHILFE FÜR DEN ARCHITEKTEN

Grenzen	2-seitig gehaltene Wände (für alle Pfeiler b < 2 Steine 0,8-fache Tragfähigkeit)
	Alle Beispiele mit MW 12/II oder 8/IIa
11,5 — $h_s \leq 2{,}75$ m Innenwände Tragschalen 2-schaliger Außenwände und 2-schalige HTW max. 2 G + DG	$h_s = 2{,}75$ m zul $\sigma = 0{,}47 \cdot \sigma_0$ zul N = 66 kN/m Wand ca. 7 m² Decke/m Wand z.B. 2 G · 3 bis 4 m² EZF
17,5 — $h_s \leq 2{,}75$ m Innenwände 1-schalige Außenwände 1) Tragschalen 2-schaliger Außenwände und 2-schalige HTW	$h_s = 2{,}75$ m zul $\sigma = 0{,}9 \cdot \sigma_0$ 1) zul N = 189 kN/m Wand ca. 18 bis 20 m² Decke/m z.B. 4 G · 4,5 m² EZF (Innenwand)
24 — Innenwände h_s unbegrenzt	$h_s = 2{,}66$ m zul $\sigma = \sigma_0$ zul N = 288 kN/m ca. 29 m² Decke/m Wand z.B. 6 G · 5 m² EZF
$h_s \leq 2{,}88$ m alle Außenwände 1) 2-schalige HTW	$h_s = 2{,}88$ m Schottenwand HTW zul $\sigma = 0{,}95 \cdot \sigma_0$ 1) ca. 27 m² Decke/m Wand z.B. 11 G · 2,4 m² EZF
≥30 — Innenwände h_s unbegrenzt	$h_s = 3{,}0$ m zul $\sigma = \sigma_0$ zul N = 360 kN/m² ca. 35 bis 40 m² Decke/m z.B. 8 G · 5 m² EZF oder 12 G · 3m² EZF (kreuzweise)
$h_s \leq 3{,}60$ m alle Außenwände 1) (und 2-schalige HTW)	$h_s = 3{,}60$ m zul $\sigma = 0{,}88 \sigma_0$ ca. 32 m² Decke/m Wand z.B. 12 G · 2,6 m² EZF

b = Mauerlänge
b' = Länge bis zur Öffnung
d = Mauerdicke
MW = Mauerwerk
HTW = Haustrennwand
EZF = Einzugsfeld
G = Geschosse
DG = Dachgeschoß
* = betrachtete Wand

Ablesbare Ergebnisse:

- abgeminderte zulässige Spannung, zul $\sigma = k \cdot \sigma_0$
- aufnehmbare Last je m Wandlänge, zul N(kN/m)
- Unter der weiteren Voraussetzung, daß die gesamte Flächenlast je m² Geschoßfläche ca. 10 kN/m² beträgt, läßt sich als weiteres Ergebnis der Berechnung auch die von 1 m Wand getragene Geschoßfläche angeben.
- Diese zulässige Geschoßfläche errechnet sich aus Geschoßzahl · Einzugsfeld. Bei kreuzweise bewehrten Decken ist das Einzugsfeld ca. 1/4 der mittleren Deckenstützweite.

BETON & MAUERWERK   BEMESSUNG   BM 3

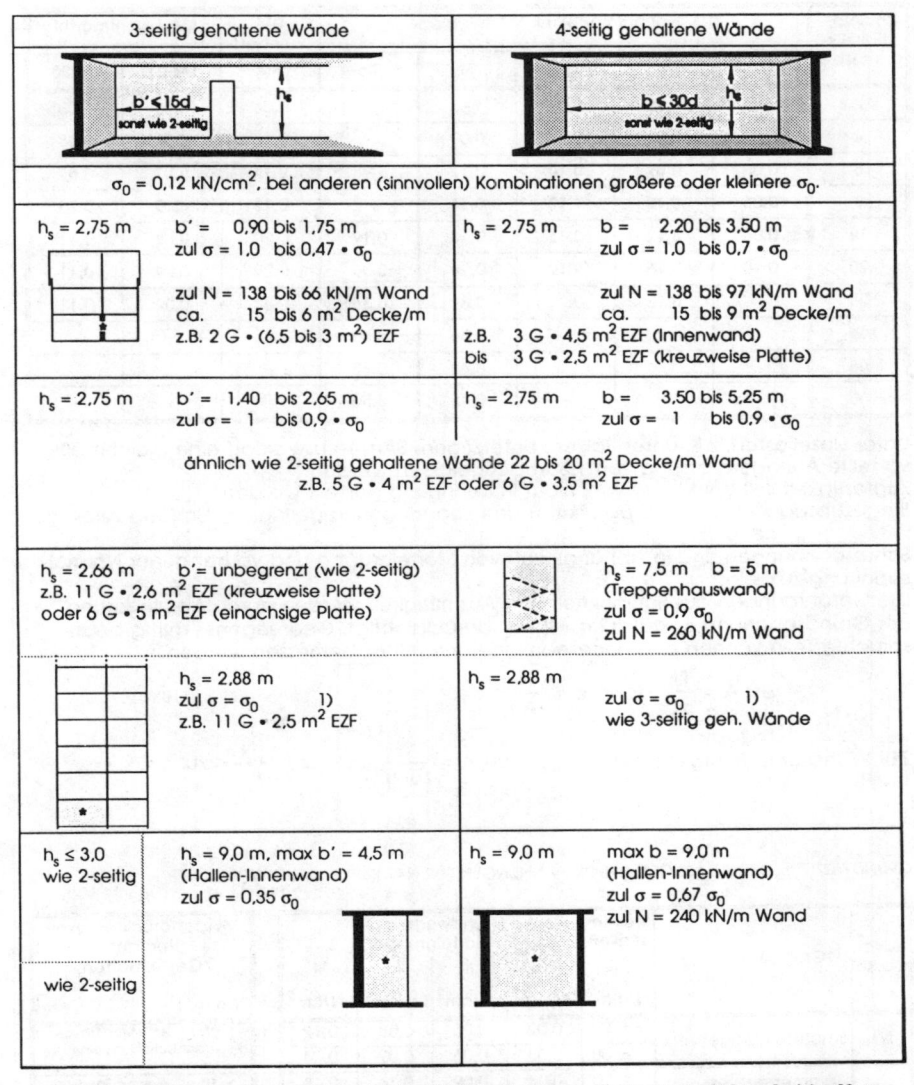

3-seitig gehaltene Wände	4-seitig gehaltene Wände
b' ≤ 15d, sonst wie 2-seitig	b ≤ 30d, sonst wie 2-seitig

$\sigma_0 = 0{,}12$ kN/cm², bei anderen (sinnvollen) Kombinationen größere oder kleinere σ_0.

$h_s = 2{,}75$ m	b' = 0,90 bis 1,75 m zul σ = 1,0 bis 0,47 · σ_0 zul N = 138 bis 66 kN/m Wand ca. 15 bis 6 m² Decke/m z.B. 2 G · (6,5 bis 3 m²) EZF	$h_s = 2{,}75$ m z.B. bis	b = 2,20 bis 3,50 m zul σ = 1,0 bis 0,7 · σ_0 zul N = 138 bis 97 kN/m Wand ca. 15 bis 9 m² Decke/m 3 G · 4,5 m² EZF (Innenwand) 3 G · 2,5 m² EZF (kreuzweise Platte)
$h_s = 2{,}75$ m	b' = 1,40 bis 2,65 m zul σ = 1 bis 0,9 · σ_0	$h_s = 2{,}75$ m	b = 3,50 bis 5,25 m zul σ = 1 bis 0,9 · σ_0

ähnlich wie 2-seitig gehaltene Wände 22 bis 20 m² Decke/m Wand
z.B. 5 G · 4 m² EZF oder 6 G · 3,5 m² EZF

$h_s = 2{,}66$ m	b' = unbegrenzt (wie 2-seitig) z.B. 11 G · 2,6 m² EZF (kreuzweise Platte) oder 6 G · 5 m² EZF (einachsige Platte)	$h_s = 7{,}5$ m b = 5 m (Treppenhauswand) zul σ = 0,9 σ_0 zul N = 260 kN/m Wand
	$h_s = 2{,}88$ m zul $\sigma = \sigma_0$ 1) z.B. 11 G · 2,5 m² EZF	$h_s = 2{,}88$ m zul $\sigma = \sigma_0$ 1) wie 3-seitig geh. Wände
$h_s \leq 3{,}0$ wie 2-seitig	$h_s = 9{,}0$ m, max b' = 4,5 m (Hallen-Innenwand) zul σ = 0,35 σ_0	$h_s = 9{,}0$ m max b = 9,0 m (Hallen-Innenwand) zul σ = 0,67 σ_0 zul N = 240 kN/m Wand
wie 2-seitig		

1) Es können bei größeren Stützweiten der Decken durch Verdrehung des Endauflagers (Außenwände) größere Abminderungen des σ_0 notwendig werden. Deshalb sollte die Anwendung der Tabelle auf Stützweiten < 6 m beschränkt werden, sofern nicht durch konstruktive Maßnahmen (Zentrierleisten) die mittige Krafteinleitung ins Endauflager sichergestellt wird. Bei kreuzweise bewehrten Platten gilt die kleinere der beiden Stützweiten. Diese Tragkraftminderung durch Verdrehung des Endauflagers kann auch durch Wahl der nächst besseren Stein- oder Mörtelgüte ausgeglichen werden.

MERKREGEL:
Bei normalem Mauerwerk und normalen Geschoßhöhen kann eine Wand auf 1 m Länge je cm Dicke 1 bis 1,5 m² Geschoßfläche tragen, z.B 24 cm Wand: 5 bis 7 Geschosse · 5 m².

BM 1 — MATERIALWERTE — BETON & MAUERWERK

1.2 ZULÄSSIGE SPANNUNGEN

GRUNDWERTE σ_0 DER ZULÄSSIGEN DRUCKSPANNUNGEN FÜR MAUERWERK AUS KÜNSTLICHEN STEINEN

Steinfe-stigkeits-klasse	NM Normalmörtel mit Mörtelgruppe					DM Dünnbett-mörtel	LM Leichtmörtel	
	I	II	IIa	III	IIIa		LM 21	LM 36
2	0,03	0,05	0,05	-	-	0,06	0,05	0,05
4	0,04	0,07	0,08	0,09	-	0,10	0,07	0,08
6	0,05	0,09	0,10	0,12	-	0,14	0,07	0,09
8	0,06	0,10	0,12	0,14	-	0,18	0,08	0,10
12	0,08	0,12	0,16	0,18	0,19	0,20	0,09	0,11
20	0,10	0,16	0,19	0,24	0,30	0,29	0,09	0,11
28	-	0,18	0,23	0,30	0,35	0,34	0,09	0,11
36	-	-	-	0,35	0,40	-	-	-
48	-	-	-	0,40	0,45	-	-	-
60	-	-	-	0,45	0,50	-	-	-

Unter Einzellasten, z.B. unter Balken, Unterzügen, Stützen usw., darf eine gleichmäßig verteilte Auflagerpressung von $1{,}3 \cdot \sigma_0$ zugelassen werden.
Zugfestigkeit soll bei Mauerwerk nicht in Rechnung gestellt werden.
Biegezugspannungen sind parallel zu den Lagerfugen in geringem Umfang zulässig: ca. $0{,}05 \cdot \sigma_0$
Scherspannungen sind in Abhängigkeit von Mörtelgruppe und vorhandener Normalspannung zulässig.
Die Gefährdungen aus Schlankheit und Ausmittigkeit werden durch Abminderung der Grundspannung σ_0 auf $\text{zul } \sigma = k \cdot \sigma_0$ berücksichtigt. Gedrungene, mittig beanspruchte Teile können also ohne Abminderung mit σ_0 bemessen werden.

$$\text{erf } A = \frac{N}{\sigma_0} \quad \text{oder} \quad \sigma = \frac{N}{A} \leq \sigma_0$$

Für Wände mit Beulgefahr gilt
$$\text{erf } A = \frac{N}{\text{zul } \sigma} \quad \text{oder} \quad \sigma = \frac{N}{A} \leq \text{zul } \sigma = k \cdot \sigma_0$$

GRUNDWERTE σ_0 DER ZULÄSSIGEN DRUCKSPANNUNGEN FÜR NATURSTEINMAUERWERK

Güte-klasse	Grundeinstufung	Steinfe-stigkeit β_{St} N/mm²	Grundwerte σ_0 [1] Mörtelgruppe				Mindestdruckfestigkei-ten der Gesteinsarten N/mm²	
			I kN/cm²	II kN/cm²	IIa kN/cm²	III kN/cm²		
N1	Bruchsteinmauerwerk	≥ 20	0,02	0,05	0,08	0,12	≥ 20	Kalkstein, Traver-tin, vulkanische Tuffsteine
		≥ 50	0,03	0,06	0,09	0,14		
N2	Hammerrechtes Schichtenmauerwerk	≥ 20	0,04	0,09	0,14	0,18	≥ 30	Weiche Sandstei-ne (mit tonigem Bindemittel) und dergleichen
		≥ 50	0,06	0,11	0,16	0,20		
N3	Schichtenmauerwerk	≥ 20	0,05	0,15	0,20	0,25	≥ 50	Dichte Kalksteine und Dolomite (einschl. Mar-mor), Basaltlava u. dgl.
		≥ 50	0,07	0,20	0,25	0,35		
		≥ 100	0,10	0,25	0,30	0,40	≥ 80	Quarzitische Sand-steine (mit kieseligem Binde-mittel), Grauwacke und der-gleichen
N4	Quadermauerwerk	≥ 20	0,12	0,20	0,25	0,30		
		≥ 50	0,20	0,35	0,40	0,50		
		≥ 100	0,30	0,45	0,55	0,70	≥ 120	Granit, Syenit, Dio-rit, Quarzporphyr, Melaphyr, Diabas und dergleichen

[1] Bei Fugendicken über 40mm sind die Grundwerte σ_0 um 20% zu vermindern.

BETON & MAUERWERK BEMESSUNG BM 3

3.1 ABLAUF DER BEMESSUNG EINER MAUERWERKS-WAND

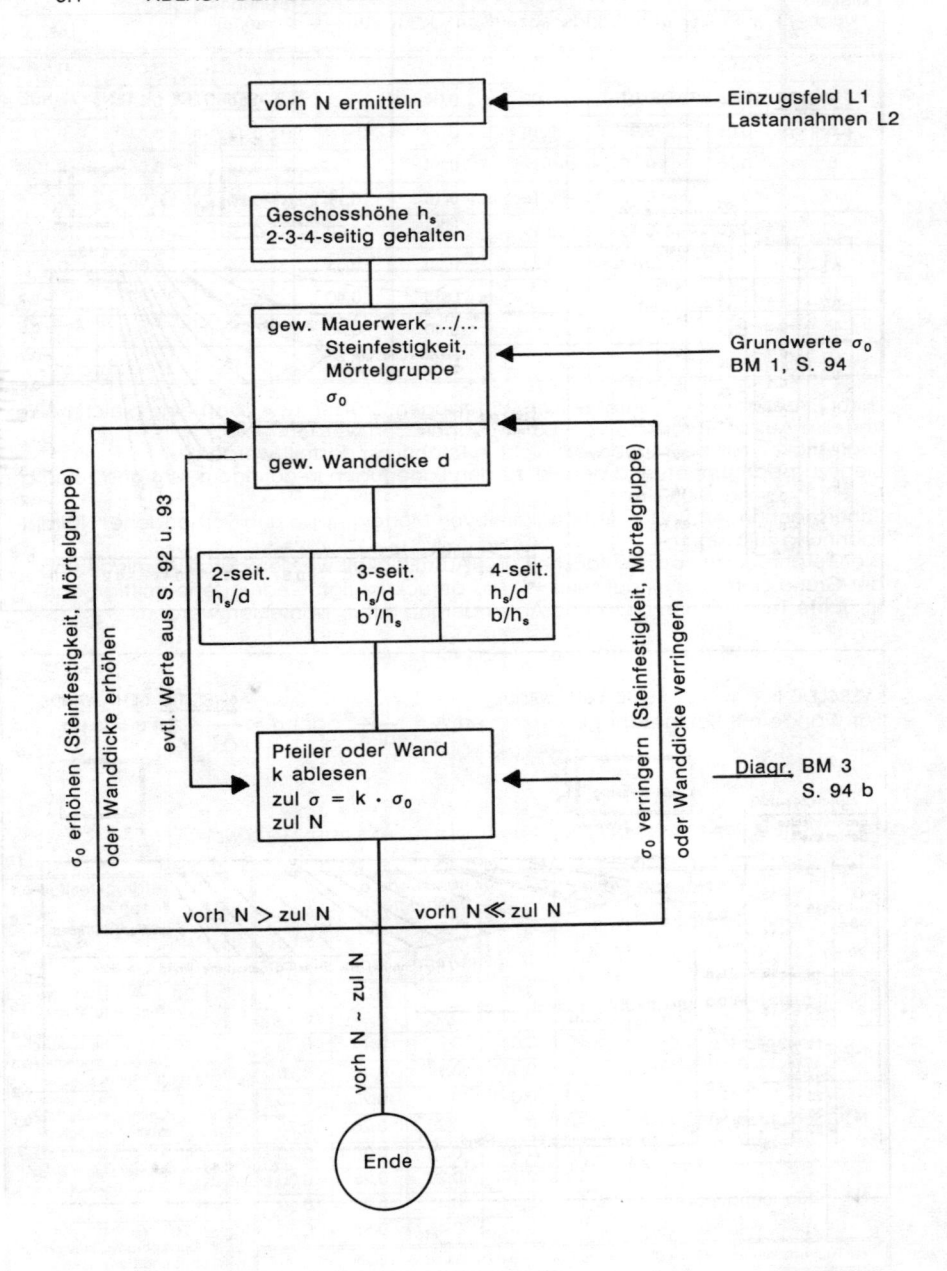

```
                    ┌─────────────────────┐        Einzugsfeld L1
                    │  vorh N ermitteln   │ ◄───── Lastannahmen L2
                    └──────────┬──────────┘
                               │
                    ┌──────────▼──────────┐
                    │ Geschosshöhe hₛ     │
                    │ 2-3-4-seitig gehalten│
                    └──────────┬──────────┘
                               │
                    ┌──────────▼──────────┐
                    │ gew. Mauerwerk .../.│
                    │ Steinfestigkeit,    │ ◄───── Grundwerte σ₀
                    │ Mörtelgruppe        │        BM 1, S. 94
                    │ σ₀                  │
                    └──────────┬──────────┘
                               │
                    ┌──────────▼──────────┐
                    │ gew. Wanddicke d    │ ◄──┐
                    └──────────┬──────────┘    │
                               │                │
              ┌────────┬───────┴──┬────────┐   │
              │ 2-seit.│ 3-seit.  │ 4-seit.│   │
              │ hₛ/d   │ hₛ/d     │ hₛ/d   │   │
              │        │ b'/hₛ    │ b/hₛ   │   │
              └────────┴────┬─────┴────────┘   │
                            │                   │
                    ┌───────▼─────────────┐
                    │ Pfeiler oder Wand   │
                    │ k ablesen           │ ◄───── Diagr. BM 3
                    │ zul σ = k · σ₀      │        S. 94 b
                    │ zul N               │
                    └──────────┬──────────┘
                               │
              vorh N > zul N   │   vorh N ≪ zul N
                               │
                         vorh N ~ zul N
                               │
                            ┌──▼──┐
                            │ Ende│
                            └─────┘
```

σ₀ erhöhen (Steinfestigkeit, Mörtelgruppe) oder Wanddicke erhöhen

evtl. Werte aus S. 92 u. 93

σ₀ verringern (Steinfestigkeit, Mörtelgruppe) oder Wanddicke verringern

Flowchart for the design of a masonry wall, with parameters:

- h_s = Geschosshöhe
- h_s/d for 2-, 3-, 4-seitig gehalten
- b'/h_s, b/h_s
- zul $\sigma = k \cdot \sigma_0$
- vorh $N >$ zul N → σ₀ erhöhen oder Wanddicke erhöhen
- vorh $N \ll$ zul N → σ₀ verringern oder Wanddicke verringern
- vorh $N \approx$ zul N → Ende

BM 3 — BEMESSUNG — BETON & MAUERWERK

3.2 ABMINDERUNG k DER GRUNDSPANNUNG σ_0 WEGEN KNICKGEFAHR

Tafeleingang: geometrische Schlankheit h_s/d und Wandproportion b/h_s

Für Pfeiler und Wände abzulesen: k für zul $\sigma = k \cdot \sigma_0$

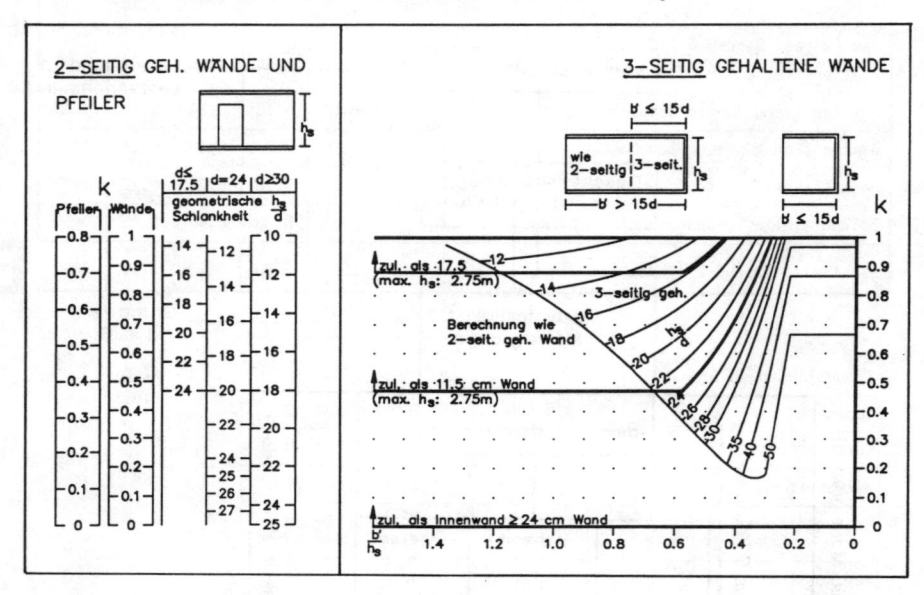

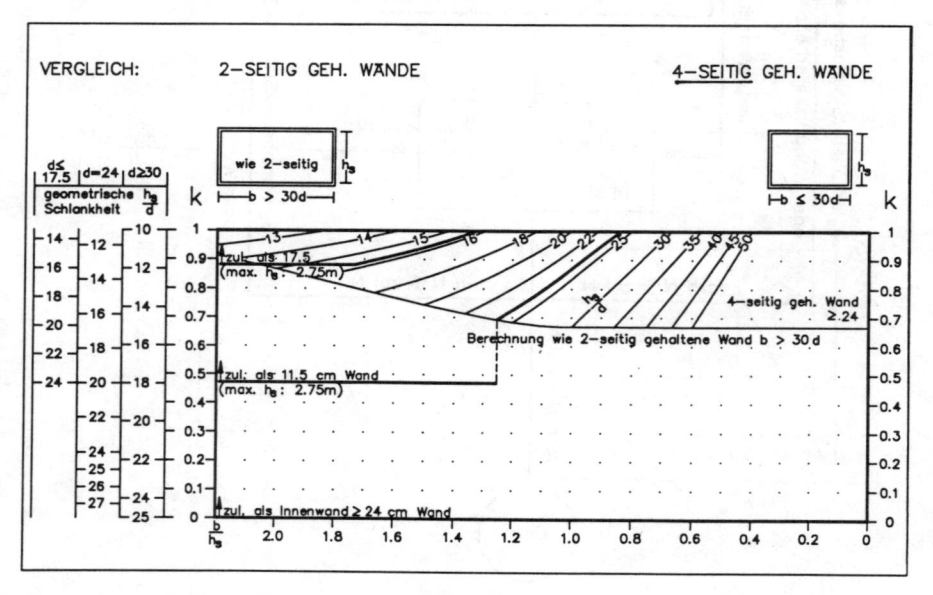

2-SEITIG GEH. WÄNDE UND PFEILER

3-SEITIG GEHALTENE WÄNDE

- $b \leq 15d$: wie 2-seitig / 3-seit.
- $b > 15d$
- zul. als 17.5 (max. h_s: 2.75m)
- Berechnung wie 2-seit. geh. Wand
- zul. als 11.5 cm Wand (max. h_s: 2.75m)
- zul. als Innenwand $\geq$ 24 cm Wand

VERGLEICH: 2-SEITIG GEH. WÄNDE

4-SEITIG GEH. WÄNDE

- wie 2-seitig
- $b > 30d$ / $b \leq 30d$
- zul. als 17.5 (max. h_s: 2.75m)
- 4-seitig geh. Wand $\geq$ 24
- Berechnung wie 2-seitig gehaltene Wand $b > 30\,d$
- zul. als 11.5 cm Wand (max. h_s: 2.75m)
- zul. als Innenwand $\geq$ 24 cm Wand

STAHLBETON — MATERIALWERTE — StB 1

1.1 BETON

Beton-Festigkeitsklassen B	unbewehrter		bewehrter und unbewehrter Beton				
	B 5	B 10	B 15	B 25	B 35	B 45	B 55
Rechenwerte β_R = cal β [kN/cm^2]	0,35	0,70	1,05	1,75	2,30	2,70	3,00
max τ bei Gebrauchslast τ_{011} Platten (keine Schubdeckung) kN/cm^2	-	-	0,035	0,05	0,06	0,07	0,08
Platten (verminderte Schubdeckung) τ_{02}	-	-	0,12	0,18	0,24	0,27	0,30
Balken (konstruktive Schubdeckung) τ_{012}	-	-	0,05	0,075	0,10	0,11	0,125
Balken (verminderte Schubdeckung) τ_{02}	-	-	0,12	0,18	0,24	0,27	0,30
Balken (volle Schubdeckung) τ_{03}	-	-	0,20	0,30	0,40	0,45	0,50
Elastizitätsmodul E_b [kN/cm^2]	-	2200	2600	3000	3400	3700	3900

β
T
E

1.2 BETONSTAHL nach DIN 488

Kurzname	BSt 420 S	BSt 500 S	BSt 500 M
Kurzzeichen	III S	IV S	IV M
Werkstoff	1.0428	1.0438	1.0466
Erzeugnisform	Beton-stabstahl	Beton-stabstahl	Beton-stahlmatte
Nenndurchmesser d_s in mm	6 bis 28	6 bis 28	4 bis 12
Streckgrenze β_s kN/cm² in (N/mm²)	42 (420)	50 (500)	50 (500)
Zugfestigkeit β_Z in (N/mm²)	(500)	(550)	(550)
Bruchdehnung %	10	10	10

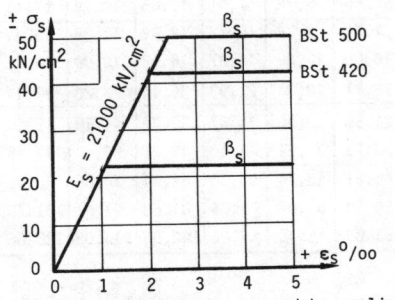

Rechenwerte für die Spannungsdehnungslinien der Betonstähle

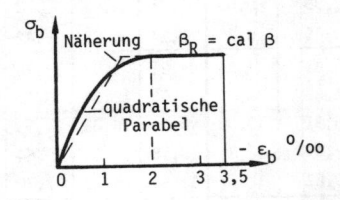

Rechenwerte für die Spannungsdehnungslinie des Betons (β_R siehe Tabelle)

StB 2 — QUERSCHNITTSWERTE — STAHLBETON

2.1 RUNDSTAHL-BEWEHRUNG

Querbewehrung 20% der Hauptbewehrung, mindestens
3 ø 6 BSt III S oder 3 ø 4,5 BSt IV M

max. Abstand s der Bewehrungsstäbe

Stabab-stand s cm	Stabdurchmesser in mm								Stäbe pro m
	6	8	10	12	14	16	20	25	
6,0	4,71	8,38	13,09	18,85	25,66	33,52	52,36	81,83	16,7
7,0	4,04	7,18	11,22	16,16	21,99	28,73	44,87	70,14	14,3
8,0	3,53	6,28	9,82	14,14	19,24	25,14	39,26	61,38	12,5
9,0	3,14	5,59	8,73	12,57	17,10	22,34	34,90	54,56	11,1
10,0	2,83	5,00	7,85	11,31	15,39	20,11	31,41	49,10	10,0
11,0	2,57	4,57	7,14	10,28	13,99	18,28	28,55	44,64	9,1
12,0	2,36	4,19	6,54	9,42	12,83	16,76	26,17	40,92	8,3
13,0	2,17	3,87	6,04	8,70	11,84	15,47	24,16	37,77	7,7
14,0	2,02	3,59	5,61	8,08	11,00	14,36	22,44	35,07	7,1
15,0	1,89	3,35	5,24	7,54	10,26	13,41	20,94	32,73	6,7
16,0	1,77	3,14	4,91	7,07	9,62	12,57	19,64	30,69	6,3
17,0	1,66	2,96	4,62	6,65	9,05	11,83	18,48	28,88	5,9
18,0	1,57	2,79	4,36	6,28	8,55	11,17	17,46	27,28	5,6
19,0	1,49	2,65	4,13	5,95	8,10	10,58	16,54	25,84	5,3
20,0	1,41	2,51	3,93	5,65	7,69	10,05	15,71	24,55	5,0

Querschnitte von Balkenbewehrungen A_s [cm^2]

Durch-messer mm	Gewicht in kg pro m	Um-fang cm	Anzahl der Durchmesser									
			1	2	3	4	5	6	7	8	9	10
5	0,15	1,57	0,20	0,39	0,59	0,78	0,98	1,18	1,37	1,57	1,77	1,96
6	0,22	1,89	0,28	0,56	0,85	1,13	1,41	1,70	1,98	2,26	2,54	2,83
8	0,40	2,51	0,50	1,00	1,51	2,01	2,51	3,01	3,52	4,02	4,52	5,03
10	0,62	3,14	0,79	1,57	2,36	3,14	3,93	4,71	5,50	6,28	7,07	7,85
12	0,89	3,77	1,13	2,26	3,39	4,52	5,65	6,78	7,91	9,05	10,18	11,13
14	1,21	4,40	1,54	3,08	4,62	6,16	7,70	9,24	10,77	12,32	13,86	15,39
16	1,58	5,03	2,01	4,02	6,03	8,04	10,05	12,06	14,07	16,08	18,09	20,11
20	2,46	6,28	3,14	6,28	9,42	12,57	15,71	18,34	21,99	25,14	28,28	31,42
25	3,85	7,85	4,91	9,82	14,73	19,64	24,55	29,46	34,37	39,28	44,19	49,10
28	4,83	8,80	6,16	12,31	18,47	24,63	30,79	36,94	43,10	49,26	55,42	61,58
32	6,31	10,05	8,04	16,08	24,13	32,17	40,21	48,26	56,30	64,34	72,38	80,42
36	7,99	11,31	10,18	20,36	30,54	40,72	50,90	61,07	71,26	81,43	91,61	101,79
40	9,87	12,57	12,57	25,13	37,70	50,26	62,83	75,40	87,96	100,53	113,09	125,66

STAHLBETON — QUERSCHNITTSWERTE — StB 2

2.2 GESCHWEISSTE BETONSTAHLMATTEN BSt 500 M (IV M)

Arten:				
N-	} Matten	für Nichtstatische Zwecke	bis 4,0 mm ø
Q-		mit Quadratischen Maschen	4,0 bis 12,0
R-		mit Rechteckigen Maschen	4,0 bis 12,0 mm ø

Lieferprogramm:

1. **Lagermatten** — Matten mit festliegenden Querschnitten und Abmessungen (5,00 bzw. 6,00 m Länge und 2,15 m Breite)

2. **Z-Matten** — Matten mit festliegenden Querschnitten und einer einheitlichen Breite von 2,45 m. Mattenlängen von 3,00 m bis 12,00 m.

3. **Listenmatten** — Matten mit frei gewählten Stababständen und -durchmessern und Größen bis 12,00 m Länge und bis 2,45 m Breite (Straßentransport)

1. Lagermatten

Randausbildung bei Randsparmatten

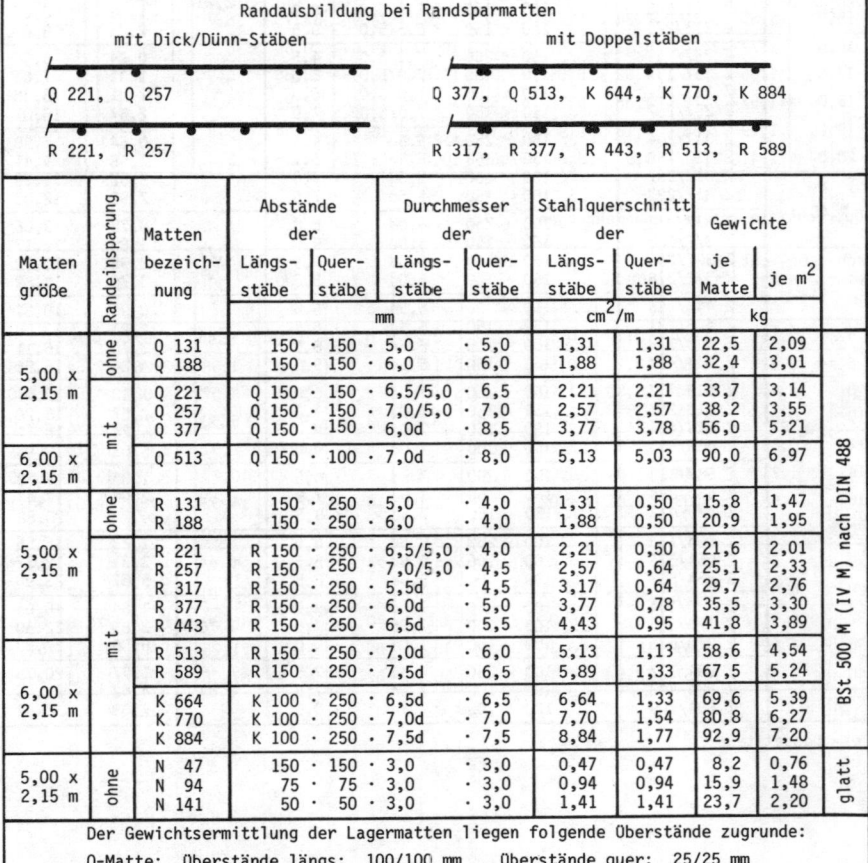

mit Dick/Dünn-Stäben: Q 221, Q 257 / R 221, R 257

mit Doppelstäben: Q 377, Q 513, K 644, K 770, K 884 / R 317, R 377, R 443, R 513, R 589

Mattengröße	Randeinsparung	Mattenbezeichnung	Abstände der Längsstäbe	Abstände der Querstäbe	Durchmesser der Längsstäbe	Durchmesser der Querstäbe	Stahlquerschnitt der Längsstäbe	Stahlquerschnitt der Querstäbe	Gewichte je Matte	Gewichte je m²	
			mm				cm²/m		kg		
5,00 x 2,15 m	ohne	Q 131	150 ·	150 ·	5,0	· 5,0	1,31	1,31	22,5	2,09	
		Q 188	150 ·	150 ·	6,0	· 6,0	1,88	1,88	32,4	3,01	
	mit	Q 221	Q 150 ·	150 ·	6,5/5,0	· 6,5	2,21	2,21	33,7	3,14	
		Q 257	Q 150 ·	150 ·	7,0/5,0	· 7,0	2,57	2,57	38,2	3,55	
		Q 377	Q 150 ·	150 ·	6,0d	· 8,5	3,77	3,78	56,0	5,21	
6,00 x 2,15 m		Q 513	Q 150 ·	100 ·	7,0d	· 8,0	5,13	5,03	90,0	6,97	nach DIN 488
5,00 x 2,15 m	ohne	R 131	150 ·	250 ·	5,0	· 4,0	1,31	0,50	15,8	1,47	
		R 188	150 ·	250 ·	6,0	· 4,0	1,88	0,50	20,9	1,95	
	mit	R 221	R 150 ·	250 ·	6,5/5,0	· 4,0	2,21	0,50	21,6	2,01	
		R 257	R 150 ·	250 ·	7,0/5,0	· 4,5	2,57	0,64	25,1	2,33	BSt 500 M (IV M)
		R 317	R 150 ·	250 ·	5,5d	· 4,5	3,17	0,64	29,7	2,76	
		R 377	R 150 ·	250 ·	6,0d	· 5,0	3,77	0,78	35,5	3,30	
		R 443	R 150 ·	250 ·	6,5d	· 5,5	4,43	0,95	41,8	3,89	
6,00 x 2,15 m		R 513	R 150 ·	250 ·	7,0d	· 6,0	5,13	1,13	58,6	4,54	
		R 589	R 150 ·	250 ·	7,5d	· 6,5	5,89	1,33	67,5	5,24	
		K 664	K 100 ·	250 ·	6,5d	· 6,5	6,64	1,33	69,6	5,39	
		K 770	K 100 ·	250 ·	7,0d	· 7,0	7,70	1,54	80,8	6,27	
		K 884	K 100 ·	250 ·	7,5d	· 7,5	8,84	1,77	92,9	7,20	
5,00 x 2,15 m	ohne	N 47	150 ·	150 ·	3,0	· 3,0	0,47	0,47	8,2	0,76	glatt
		N 94	75 ·	75 ·	3,0	· 3,0	0,94	0,94	15,9	1,48	
		N 141	50 ·	50 ·	3,0	· 3,0	1,41	1,41	23,7	2,20	

Der Gewichtsermittlung der Lagermatten liegen folgende Oberstände zugrunde:

Q-Matte: Oberstände längs: 100/100 mm   Oberstände quer: 25/25 mm
R-Matte: Oberstände längs: 125/125 mm   Oberstände quer: 25/25 mm
K-Matte: Oberstände längs: 125/125 mm   Oberstände quer: 25/25 mm

StB 2 — QUERSCHNITTSWERTE — STAHLBETON

2. Z-Matten (Auswahlreihe der Listenmatten)

Die Z-Matten sind mit verschiedenen Randausbildungen lieferbar. Die hier angegebenen Gewichte beziehen sich auf die Ausführung ohne Randeinsparung.

Matten-größe	Matten-bezeichnung	Abstände der		Durchmesser der		Stahlquerschnitt der		Gewicht je 1 fdm Matte
		Längs-stäbe	Quer-stäbe	Längs-stäbe	Quer-stäbe	Längs-stäbe	Quer-stäbe	
		mm				cm²/m		kg
3,00 m bis 12,00 m x 2,45 m	Z 84/ 84	150	150	· 4,0	· 4,0	0,84	0,84	3,30
	Z 131/ 50	150	250	· 5,0	· 4,0	1,31	0,50	3,59
	Z 131/131	150	150	· 5,0	· 5,0		1,31	5,13
	Z 158/ 50	150	250	· 5,5	· 4,0	1,58	0,50	4,15
	Z 158/158	150	150	· 5,5	· 5,5		1,58	6,23
	Z 188/ 50	150	250	· 6,0	· 4,0	1,88	0,50	4,74
	Z 188/188	150	150	· 6,0	· 6,0		1,88	7,40
	Z 221/ 50	... 150	250	· 6,5/5,0	· 4,0	2,21	0,50	5,39
	Z 221/106	... 150	150	· 6,5/5,0	· 4,5		1,06	6,46
	Z 221/188	... 150	150	· 6,5/5,0	· 6,0		1,88	8,05
	Z 221/221	... 150	150	· 6,5/5,0	· 6,5		2,21	8,67
	Z 257/ 64	... 150	250	· 7,0/5,0	· 4,5	2,57	0,64	6,36
	Z 257/131	... 150	150	· 7,0/5,0	· 5,0		1,31	7,65
	Z 257/221	... 150	150	· 7,0/5,0	· 6,5		2,21	9,38
	Z 257/257	... 150	150	· 7,0/5,0	· 7,0		2,57	10,07
	Z 317/ 64	... 150	250	· 5,5d	· 4,5	3,17	0,64	7,58
	Z 317/158	... 150	150	· 5,5d	· 5,5		1,58	9,41
	Z 317/257	... 150	150	· 5,5d	· 7,0		2,57	11,29
	Z 317/295	... 150	150	· 5,5d	· 7,5		2,95	12,03
	Z 377/ 78	... 150	250	· 6,0d	· 5,0	3,77	0,78	9,06
	Z 377/188	... 150	150	· 6,0d	· 6,0		1,88	11,17
	Z 377/295	... 150	150	· 6,0d	· 7,5		2,95	13,22
	Z 377/378	... 150	150	· 6,0d	· 8,5		3,78	14,82
	Z 443/ 95	... 150	250	· 6,5d	· 5,5	4,43	0,95	10,67
	Z 443/221	... 150	150	· 6,5d	· 6,5		2,21	13,09
	Z 443/378	... 150	150	· 6,5d	· 8,5		3,78	16,11
	Z 443/424	... 150	150	· 6,5d	· 9,5		4,24	16,99
	Z 513/113	... 150	250	· 7,0d	· 6,0	5,13	1,13	12,44
	Z 513/257	... 150	150	· 7,0d	· 7,0		2,57	15,20
	Z 513/424	... 150	150	· 7,0d	· 8,0		4,24	18,14
	Z 513/503	... 150	100	· 7,0d	· 9,0		5,03	19,95
	Z 589/133	... 150	250	· 7,5d	· 6,5	5,89	1,33	14,35
	Z 589/295	... 150	150	· 7,5d	· 7,5		2,95	17,47
	Z 589/473	... 150	150	· 7,5d	· 9,5		4,73	20,88
	Z 664/133	... 100	250	· 6,5d	· 6,5	6,64	1,33	15,55
	Z 664/331	... 100	100	· 6,5d	· 6,5		3,31	19,37
	Z 664/567	... 100	100	· 6,5d	· 8,5		5,67	23,90
	Z 770/154	... 100	250	· 7,0d	· 7,0	7,70	1,54	18,06
	Z 770/385	... 100	100	· 7,0d	· 7,0		3,85	22,50
	Z 770/636	... 100	100	· 7,0d	· 9,0		6,36	27,33
	Z 884/177	... 100	250	· 7,5d	· 7,5	8,84	1,77	20,75
	Z 884/442	... 100	100	· 7,5d	· 7,5		4,42	25,85
	Z 884/709	... 100	100	· 7,5d	· 9,5		7,09	30,97

d = Doppelstäbe

STAHLBETON — QUERSCHNITTSWERTE — StB 2

Matten-größe	Matten-bezeichnung	Abstände der Längs-stäbe (mm)	Abstände der Quer-stäbe (mm)	Durchmesser der Längs-stäbe (mm)	Durchmesser der Quer-stäbe (mm)	Stahlquerschnitt der Längs-stäbe (cm^2/m)	Stahlquerschnitt der Quer-stäbe (cm^2/m)	Gewicht je lfdm Matte (kg)
	Z 1005/ 201	... 100 · 250 ·		8,0d ·	8,0		2,01	23,62
	Z 1005/ 503	... 100 · 100 ·		8,0d ·	8,0	10,05	5,03	29,43
	Z 1005/ 785	... 100 · 100 ·		8,0d ·	10,0		7,85	34,87
	Z 1135/ 227	... 100 · 250 ·		8,5d ·	8,5		2,27	26,61
	Z 1135/ 567	... 100 · 100 ·		8,5d ·	8,5	11,35	5,67	33,15
	Z 1135/ 950	... 100 · 100 ·		8,5d ·	11,0		9,50	40,53
3,00 m	Z 1272/ 254	... 100 · 250 ·		9,0d ·	9,0		2,54	29,84
bis	Z 1272/ 636	... 100 · 100 ·		9,0d ·	9,0	12,72	6,36	37,18
12,00 m	Z 1272/1039	... 100 · 100 ·		9,0d ·	11,5		10,39	44,92
x	Z 1418/ 283	... 100 · 250 ·		9,5d ·	9,5		2,83	33,25
2,45 m	Z 1418/ 709	... 100 · 100 ·		9,5d ·	9,5	14,18	7,09	41,42
	Z 1418/1131	... 100 · 100 ·		9,5d ·	12,0		11,31	49,56
	Z 1571/ 314	... 100 · 250 ·		10,0d ·	10,0	15,71	3,14	36,90
	Z 1571/1131	... 100 · 100 ·		10,0d ·	12,0		11,31	52,61
	Z 1732/ 346	... 100 · 250 ·		10,5d ·	10,5	17,32	3,46	40,66
	Z 1732/1131	... 100 · 100 ·		10,5d ·	12,0		11,31	55,76
	Z 1901/ 380	... 100 · 250 ·		11,0d ·	11,0	19,01	3,80	44,61
	Z 1901/1131	... 100 · 100 ·		11,0d ·	12,0		11,31	59,06
	Z 2077/ 415	... 100 · 250 ·		11,5d ·	11,5	20,77	4,15	48,74
	Z 2077/1131	... 100 · 100 ·		11,5d ·	12,0		11,31	62,51
	Z 2262/ 452	... 100 · 250 ·		12,0d ·	12,0	22,62	4,52	53,10
	Z 2262/1131	... 100 · 100 ·		12,0d ·	12,0		11,31	66,16

3. Listenmatten

ø mm	Querschnitt eines Stabes cm^2	Querschnitt einer Stabrichtung in cm^2/m bei Abständen der Stäbe (mm) 50* / 100d*	75* / 150d*	100	150	200	250	300	Einfachstäbe der 1. Spalte verschweißbar mit ø (mm) von – bis	Doppelstäbe der 1. Spalte verschweißbar mit ø (mm) von – bis
4,0	0,126	2,52	1,68	1,26	0,84	0,63	0,50	0,42	4,0 – 6,0	4,0 – 5,5
4,5	0,159	3,18	2,12	1,59	1,06	0,80	0,64	0,53	4,0 – 6,5	4,0 – 6,5
5,0	0,196	3,93	2,62	1,96	1,31	0,98	0,78	0,65	4,0 – 8,5	4,5 – 7,0
5,5	0,238	4,75	3,17	2,38	1,58	1,19	0,95	0,79	4,0 – 8,5	4,5 – 7,5
6,0	0,283	5,65	3,77	2,82	1,88	1,41	1,13	0,94	4,0 – 8,5	5,0 – 8,5
6,5	0,332	6,64	4,43	3,31	2,21	1,65	1,33	1,10	4,5 – 9,0	5,5 – 9,0
7,0	0,385	7,70	5,13	3,85	2,57	1,92	1,54	1,28	5,0 – 10,0	6,0 – 10,0
7,5	0,442	8,84	5,89	4,42	2,95	2,20	1,77	1,47	5,0 – 10,5	6,5 – 10,5
8,0	0,503	10,05	6,70	5,03	3,35	2,51	2,01	1,67	5,0 – 11,0	7,0 – 11,0
8,5	0,567	11,35	7,57	5,67	3,78	2,84	2,27	1,89	5,0 – 12,0	7,5 – 12,0
9,0	0,636	12,72	8,48	6,36	4,24	3,18	2,54	2,12	6,5 – 12,0	7,5 – 12,0
9,5	0,709	14,18	9,45	7,09	4,73	3,54	2,83	2,36	7,0 – 12,0	8,0 – 12,0
10,0	0,785	15,71	10,47	7,85	5,24	3,92	3,14	2,61	7,0 – 12,0	8,5 – 12,0
10,5	0,866	17,32	11,55	8,66	5,77	4,33	3,46	2,89	7,5 – 12,0	9,0 – 12,0
11,0	0,950	19,01	12,67	9,50	6,34	4,74	3,80	3,16	8,0 – 12,0	9,5 – 12,0
11,5	1,039	20,77	13,85	10,39	6,92	5,19	4,15	3,45	8,5 – 12,0	9,5 – 12,0
12,0	1,131	22,62	15,08	11,31	7,54	5,66	4,52	3,76	8,5 – 12,0	10,0 – 12,0

* Doppelstäbe nur als Längsstäbe

Betonstahl-Listenmatten:
Größte Länge: 12,0 m, größte Breite: 2,45 m (Straßentransport)
Doppelstabmatten nach dem Randsparsystem nur in Mattenbreiten von 1,85 bis 2,45 m.

3.1 BIEGUNG

Für das Entwerfen von Stahlbetonbauteilen können maßgebend sein:

- Betondruck
- Stahlzug (passen die Stäbe in den Querschnitt?)
- Schub
- Durchbiegung

Die folgende Tabelle gibt an, welche dieser Kriterien in der Regel die Außenabmessungen irgendeiner Konstruktion bestimmen:

    fast immer maßgebend   **
    kann maßgebend sein   *

(Die übrigen Bereiche werden erst bei der exakten Bemessung vom Ingenieur berücksichtigt.)
Als Bemessungskriterium ist bei flächenförmigen Bauteilen die Durchbiegungsbeschränkung, bei stabförmigen die Biegebemessung mit dem k_h-Verfahren (evtl. der Schub) entscheidend.

Kriterien Stb. Elemente		Biegebeanspruchung		Schub	Durchbiegung
		Beton	Stahl		
Platte					**
Balken		*	*	*	
Platten- balken	M^+		*	*	
	M^-	*			
Rippen- decke	M^+		Rippenbreite!		
	M^-	Halb- oder Voll- massivstreifen			**
Bemessung		k_h-Verfahren: $k_h = \dfrac{h}{\sqrt{M'/b}}$ $A_s = k_s \cdot \dfrac{M}{h}$		$\tau_o = \dfrac{Q}{b \cdot z}$	Durchbiegungsbe- schränkung: $h \geq \dfrac{l_i}{35}$; $h \geq \dfrac{l_i^2}{150}$

STAHLBETON BEMESSUNG StB 3

Betonüberdeckung der Stahleinlagen ("Betondeckung")

	Umweltbedingungen	Stabdurch-messer d mm	Mindestmaße für $\geq$ B 25 min c cm	Nennmaße für $\geq$ B 25 nom c cm
1	Bauteile in geschlossenen Räumen, z.B. in Wohnungen (einschließlich Küche, Bad und Waschküche), Büroräumen, Schulen, Krankenhäusern, Verkaufsstätten - soweit nicht im folgenden etwas anderes gesagt ist. Bauteile, die ständig trocken sind.	bis 12 14, 16 20 25 28	1,0 1,5 2,0 2,5 3,0	2,0 2,5 3,0 3,5 4,0
2	Bauteile, zu denen die Außenluft häufig oder ständig Zugang hat, z.B. offene Hallen und Garagen. Bauteile, die ständig unter Wasser oder im Boden verbleiben, soweit nicht Zeile 3 oder Zeile 4 oder andere Gründe maßgebend sind. Dächer mit einer wasserdichten Dachhaut für die Seite, auf der die Dachhaut liegt.	bis 20 25 28	2,0 2,5 3,0	3,0 3,5 4,0
3	Bauteile im Freien. Bauteile in geschlossenen Räumen mit oft auftretender, sehr hoher Luftfeuchte bei üblicher Raumtemperatur, z.B. in gewerblichen Küchen, Bädern, Wäschereien, in Feuchträumen von Hallenbädern und in Viehställen. Bauteile, die wechselnder Durchfeuchtung ausgesetzt sind, z.B. durch häufige starke Tauwasserbildung oder in der Wasserwechselzone. Bauteile, die "schwachem" chemischem Angriff nach DIN 4030 ausgesetzt sind.	bis 25 28	2,5 3,0	3,5 4,0
4	Bauteile, die besonders korrosionsfördernden Einflüssen auf Stahl oder Beton ausgesetzt sind, z.B. durch häufige Einwirkung angreifender Gase oder Tausalze (Sprühnebel- oder Spritzwasserbereich) oder durch "starken" chemischen Angriff nach DIN 4030.	bis 28	4,0	5,0

Zur Sicherstellung der Mindestmaße sind dem Entwurf und der Ausführung die Nennmaße nom c zugrunde zu legen. Die Nennmaße entsprechen den Verlegemaßen der Bewehrung und sind auf den Bewehrungsplänen anzugeben.
Bei Beton der Festigkeitsklasse B 35 und höher dürfen die Mindest- und Nennmaße um 0,5 cm verringert werden, bei B 15 und Beton mit einem Größtkorn von mehr als 32 mm müssen sie um 0,5 cm erhöht werden. Eine Vergrößerung kann auch aus Gründen des Brandschutzes nach DIN 4102, der Oberflächenbearbeitung z.B. gesandstrahlt, steinmetzmäßig bearbeitet etc. oder durch Verschleiß notwendig werden.

StB 3 BEMESSUNG — STAHLBETON

3.1.1 Bemessungstabelle für Biegung (k_h-Verfahren)

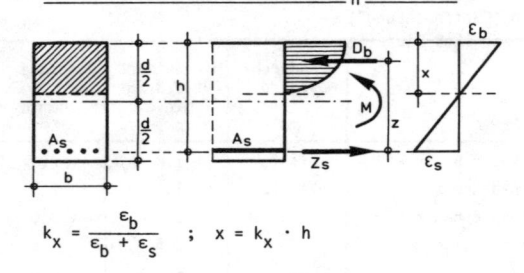

h = statische Höhe (Nutzhöhe)
b = Querschnittsbreite
x = Nullinienabstand v. Druckrand
z = innerer Hebelarm der Kräfte D_b und Z_s
A_s = Querschnitt der Zugbewehrung

$$k_x = \frac{\varepsilon_b}{\varepsilon_b + \varepsilon_s} \quad ; \quad x = k_x \cdot h$$

$$z = k_z \cdot h$$

Ohne Druckbewehrung

$$k_h = \frac{h\ [cm]}{\sqrt{\frac{M\ [kNm]}{b\ [m]}}} \qquad A_s\ [cm^2] = k_s \cdot \frac{M\ [kNm]}{h\ [cm]}$$

		k_h-Werte				k_s-Werte		k_x	k_z	ε ‰	
	B 15	B 25	B 35	B 45	B 55	BSt 420	BSt 500			$-\varepsilon_b$	$+\varepsilon_s$
Plattenbalken	27,5	21,3	18,5	17,1	16,2	4,2	3,5	0,03	0,99	0,15	
	13,9	10,7	9,4	8,6	8,2	4,3	3,6	0,06	0,98	0,31	
	9,3	7,2	6,3	5,8	5,5	4,3	3,6	0,09	0,97	0,48	
	7,1	5,5	4,8	4,4	4,2	4,3	3,6	0,12	0,96	0,66	
	5,8	4,5	3,9	3,6	3,4	4,4	3,7	0,14	0,95	0,84	
	4,9	3,8	3,3	3,0	2,9	4,4	3,7	0,17	0,94	1,03	
	4,3	3,3	2,9	2,7	2,5	4,5	3,8	0,20	0,93	1,23	
	3,8	3,0	2,6	2,4	2,2	4,5	3,8	0,22	0,92	1,43	
	3,5	2,7	2,3	2,2	2,1	4,6	3,8	0,25	0,91	1,64	5,00
	3,3	2,5	2,2	2,0	1,9	4,6	3,9	0,27	0,90	1,85	
	3,0	2,3	2,1	1,9	1,8	4,7	3,9	0,29	0,89	2,07	
	2,9	2,2	2,0	1,8	1,7	4,7	4,0	0,31	0,88	2,28	
	2,8	2,1	1,9	1,7	1,6	4,8	4,0	0,33	0,87	2,50	
Balken	2,7	2,0	1,8	1,6	1,6	4,8	4,1	0,35	0,86	2,73	
	2,6	2,0	1,7	1,6	1,5	4,9	4,1	0,37	0,85	2,96	
	2,5	1,9	1,7	1,6	1,5	5,0	4,2	0,39	0,84	3,21	
	2,46	1,90	1,66	1,53	1,45	5,0	4,2	0,412	0,829	3,50	5,00
	2,40	1,86	1,62	1,50	1,42	5,1	4,3	0,43	0,82		4,58
	2,36	1,83	1,59	1,47	1,39	5,1	4,3	0,46	0,81		4,15
	2,31	1,79	1,56	1,44	1,37	5,2	4,4	0,48	0,80	3,50	3,77
	2,27	1,76	1,53	1,41	1,34	5,3	4,4	0,51	0,79		3,42
	2,23	1,73	1,51	1,39	1,32	5,3	4,5	0,53	0,78		3,11
k_h^*	2,22	1,72	1,5	1,38	1,31	5,4	4,5	0,539	0,776	3,50	3,00
		$\frac{\sigma_{su}}{\gamma} =$		$\frac{\beta_s}{1,75} =$		24,0	28,6	[kN/cm²]			

(left side: wirtschaftlicher k_h-Bereich für Plattenbalken / Balken)

Fortsetzung der Tabelle mit kleineren k_h-Werten möglich, wenn Druckbewehrung
(s. Tab. StB 3.3.1)

STAHLBETON BEMESSUNG StB 3

3.1.2 Durchbiegungsbeschränkung

Die Schlankheit $\frac{l_i}{h}$ von biegebeanspruchten StB-Bauteilen ist beschränkt:

im allgemeinen gilt

$$h \geq \frac{l_i}{35}$$

Für Bauteile, die leichte Trennwände tragen

$$h \geq \frac{l_i^2}{150} \quad (l_i \text{ und } h \text{ in m})$$

Die Ersatzstützweite l_i ist vom statischen System abhängig (s. Tabelle).
Bei zweiachsig gespannten Platten ist die kleinere Ersatzstützweite l_i maßgebend, bei dreiseitig gestützen Platten die Ersatzstützweite parallel zum freien Rand.

Nach diesen Werten lassen sich die Dicken von Platten und Rippendecken immer bestimmen.

STATISCHES SYSTEM einachsig	zweiachsig	$\alpha = l_i / l$
(Einfeldträger, Spannweite l)	quadratische Platte, Seite l	1,00
Endfeld, min. $l \geq 0,8$ max. l	Platte mit einer eingespannten Seite	0,80
Innenfelder, min. $l \geq 0,8$ max. l	Platte mit zwei eingespannten Seiten	0,60
Kragarm l_K ($l = l_K$)	Kragplatte l_K	2,40

BEGRENZUNG DER BIEGESCHLANKHEIT IM STAHLBETONBAU

Erforderliche statische Nutzhöhe h in Abhängigkeit von der ideellen Stützweite l_i

$d = h + (\sim 2 \div 3 \text{ cm})$

mit Trennwänden: $\frac{l_i^2}{150}$ — Werte: 5,7; 8,6; 11,4; 16,7; 24,0; 32,7; 42,7; 54,0; 66,7

ohne Trennwände: $\frac{l_i}{35}$ — Werte: 14,3; 17,1; 20,0; 22,9; 25,7; 28,6

Schnittpunkt bei $l_i = 4,28$ m

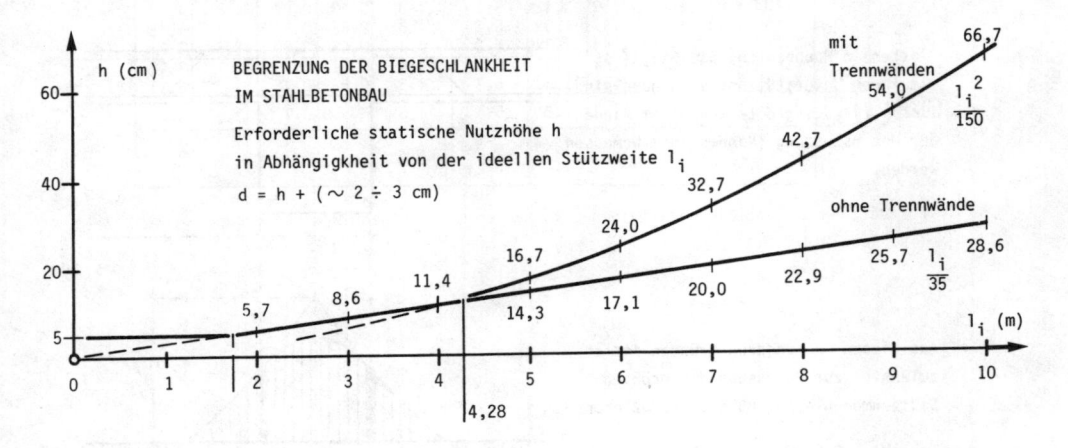

h (cm) auf Ordinate, l_i (m) auf Abszisse

3.1.3 Bemessung der Platten

1. Vorschriften

Mindestdicke: $d = 7,0$ cm

    ausgenommen: Dachplatten $d = 5,0$ cm

    befahrbare Platten für PKW $d = 10,0$ cm

    .... schwere Fahrzeuge $d = 12,0$ cm

Diese Werte gelten, soweit sich nicht durch Biegebemessung oder Durchbiegungsbeschränkung größere Werte ergeben.

Auflager: Die Tiefe des Auflagers sollte möglichst gleich der Plattendicke d sein, bei Auflagung auf B 5, B 10 oder MW jedoch mindestens 7 cm und bei Auflagung auf B 15 bis B 55 und Stahl 5 cm.

Stützweite l:

a) Einfeldplatten eingespannt oder frei aufliegend:

   Abstand der Auflagermitten

   Es gilt zusätzlich $l = 1,05 \cdot w$
   (der kleinere Wert gilt)

b) Durchlaufplatte
   Entfernung der Auflagermitten oder Achsabstände der Unterzüge.

Stützmomente:

Bei Hochbauten darf die Momentenkurve von Platten über den Stützen parabelförmig ausgerundet werden.

Platten in Hochbauten, die biegefest mit ihrer Unterstützung verbunden sind, dürfen für das größte Moment am Rande der Unterstützung (Randmoment) bemessen werden.

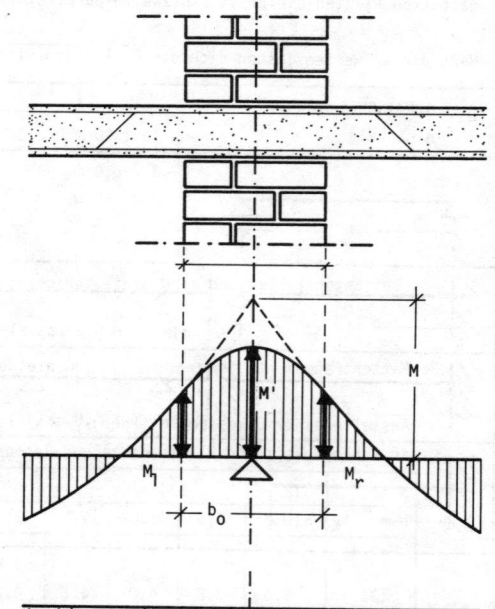

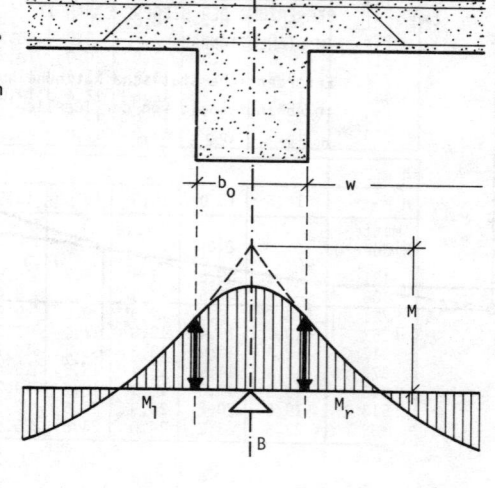

Aus diesen und anderen Gründen ist es zulässig, zur Bemessung die größten Stützenmomente auf 85 % zu reduzieren

$$M' = 0,85 \, M$$

STAHLBETON BEMESSUNG StB 3

2. Bemessungsformeln

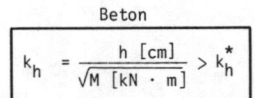

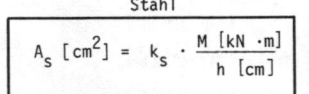

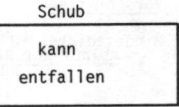

Beton:
$$k_h = \frac{h \ [cm]}{\sqrt{M \ [kN \cdot m]}} > k_h^*$$

Stahl:
$$A_s \ [cm^2] = k_s \cdot \frac{M \ [kN \cdot m]}{h \ [cm]}$$

Schub: kann entfallen

Bewehrung

Die Bewehrung entspricht dem Rechteckquerschnitt. Es ist üblich, die betrachtete Breite mit b = 1,00 m einzusetzen.

Der Abstand s der Zugeinlagen darf in der Gegend der größten Feldmomente (max. M) bei Platten mit einer Dicke d in cm nicht größer sein als s = 15 + d/10.

Querbewehrung

Je 1,00 m breiten Streifen

$$A_{sq} = 1/5 \cdot erf \ A_s$$

Die Mindest-Querbewehrung je 1,00 m Breite

| BSt 420 | (III) | 3 ⌀ 6,0 mm |
| BSt 500 | (IV) | 3 ⌀ 4,5 mm |

oder eine größere Anzahl von dünneren Stäben mit gleichem Gesamtquerschnitt je 1,00 m Breite.

(Bei Betonstahlmatten sind diese Vorschriften bereits berücksichtigt.)

3. Mattentragmomente (kNm) bei B 25

Anstelle einer Bemessung mit den k_h-, k_s-Beiwerten können die aufnehmbaren Momente in Abhängigkeit von Plattendicke und Betonstahlmatten direkt abgelesen werden.

d =	12		13		14		15		16	[cm]
h =	10,0	10,5	11,0	11,5	12,0	12,5	13,0	13,5	14,0	[cm]
Matte R oder Q										
131	3,6	3,8	4,0	4,1	4,2	4,4	4,6	4,8	5,0	
188	5,1	5,3	5,6	5,8	5,1	6,4	6,6	6,9	7,1	
221	6,0	6,3	6,6	6,9	7,2	7,5	7,8	8,1	8,4	
257	7,0	7,3	7,7	8,0	8,3	8,7	8,9	9,4	9,7	
317	8,6	9,1	9,5	9,9	10,3	10,7	11,1	11,6	12,0	
377	9,9	10,4	10,9	11,4	11,9	12,4	12,9	13,4	13,9	
443	11,6	12,2	12,8	13,4	14,0	14,6	15,2	15,7	16,3	
513	13,4	14,1	14,8	15,5	16,2	16,9	17,6	18,2	18,9	
589	15,4	16,2	17,0	17,8	18,6	19,4	20,2	20,9	21,7	

d =	17		18		19		20			[cm]
h =	14,5	15,0	15,5	16,0	16,5	17,0	17,5	18,0	18,5	[cm]
Matte R oder Q										
131	5,1	5,3	5,5	5,7	5,8	6,0	6,2	6,4	6,5	
188	7,4	7,6	7,9	8,1	8,4	8,6	8,9	9,1	9,4	
221	8,7	9,0	9,3	9,6	9,9	10,2	10,5	10,8	11,1	
257	10,1	10,4	10,8	11,1	11,5	11,8	12,2	12,5	12,9	
317	12,4	12,9	13,3	13,7	14,1	14,6	15,0	15,4	15,9	
377	14,4	14,9	15,4	15,9	16,4	16,9	17,4	17,9	18,4	
443	16,9	17,5	18,1	18,7	19,2	19,9	20,4	21,0	21,6	
513	19,6	20,2	20,9	21,6	22,3	23,0	23,6	24,3	24,9	
589	22,5	23,2	24,0	24,8	25,6	26,3	27,1	27,9	28,6	

StB 3 — BEMESSUNG — STAHLBETON

Ablauf der Bemessung einer Platte

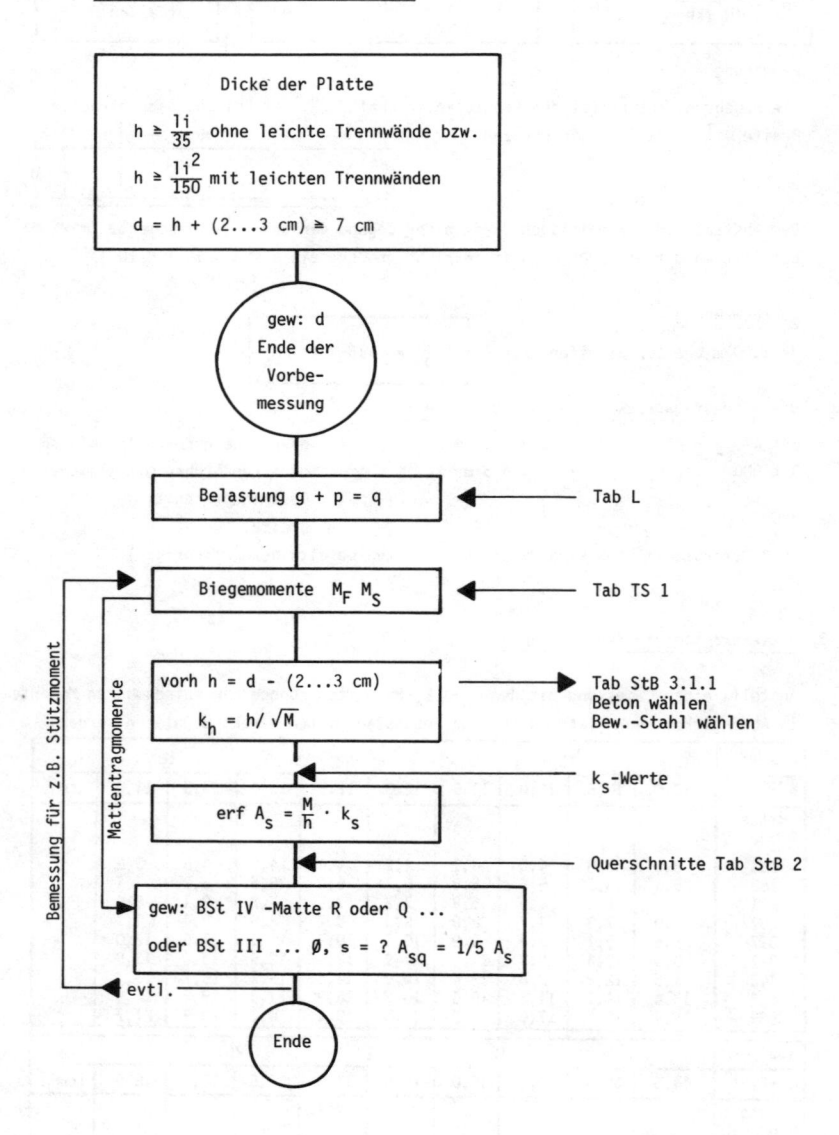

```
┌─────────────────────────────────────────────┐
│              Dicke der Platte               │
│                                             │
│   h ≥ li/35   ohne leichte Trennwände bzw.  │
│   h ≥ li²/150 mit leichten Trennwänden      │
│                                             │
│   d = h + (2...3 cm) ≥ 7 cm                 │
└─────────────────────────────────────────────┘
```

gew: d
Ende der Vorbemessung

| Belastung $g + p = q$ | ◄── Tab L |

| Biegemomente M_F M_S | ◄── Tab TS 1 |

vorh $h = d - (2...3\ cm)$
$k_h = h/\sqrt{M}$ ──► Tab StB 3.1.1 Beton wählen, Bew.-Stahl wählen

erf $A_s = \dfrac{M}{h} \cdot k_s$ ◄── k_s-Werte

◄── Querschnitte Tab StB 2

gew: BSt IV -Matte R oder Q ...
oder BSt III ... Ø, s = ? $A_{sq} = 1/5\ A_s$

◄── evtl.

Ende

(Bemessung für z.B. Stützmoment)
(Mattentragmomente)

STAHLBETON BEMESSUNG StB 3

3.1.4 Biegemomente zweiachsig gespannter Platten

1. Zweiachsig gespannte (= kreuzweise bewehrte) Platten tragen Lasten in 2 Richtungen und sind dementsprechend für beide Richtungen bewehrt.(Kreuzende Bewehrungsstäbe bzw. Q-Matten).

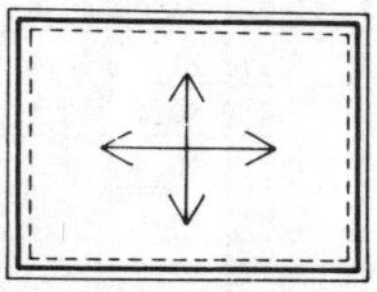

zweiachsig gespannte Platte

Infolge der muldenförmigen Durchbiegung ("schüsseln")neigen die Plattenecken zum Abheben. Deshalb ist Auflast oder Verankerung gegen die Eckabhebung nötig. Durch das Herabbiegen der Plattenecken treten in den Eckbereichen Biegemomente auf (Drillmomente), die Bewehrung in Größe der Feldbewehrung erfordern. Sie ist entweder in der Platte <u>oben</u> in Richtung der Winkelhalbierenden und <u>unten</u> rechtwinklig dazu einzulegen, oder als Matten parallel zu den Rändern. An den Innenstützen durchlaufender Platten reicht die ohnehin vorhandene obere und untere Bewehrung auch als Drillbewehrung aus. Am Endauflager muß sie <u>oben</u> zusätzlich angeordnet werden.

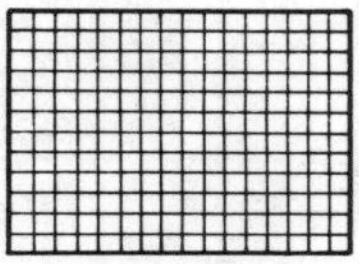

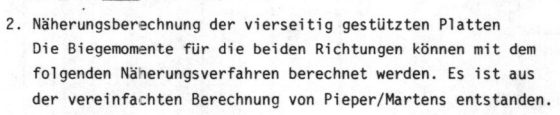

kreuzweise Bewehrung

2. Näherungsberechnung der vierseitig gestützten Platten
Die Biegemomente für die beiden Richtungen können mit dem folgenden Näherungsverfahren berechnet werden. Es ist aus der vereinfachten Berechnung von Pieper/Martens entstanden.

<u>Grenzen des Verfahrens</u> :

Es gilt nur, wenn

a) $p = 2g$,
b) die Plattendicke in allen Feldern gleich ist,
c) das Verhältnis der Stützweiten benachbarter Felder nicht größer als 5 : 1 ist,
d) nicht auf zwei kleine Felder (l_1 und l_2) ein großes Feld ($l_3 > 3.l_1$ bzw. l_2) folgt,
e) die Plattenecken gegen Abheben gesichert sind und Drillbewehrung angeordnet wird. Wird ausnahmsweise auf diese Bewehrung verzichtet, so sind die Feldmomente auf das ca. 1,25-fache zu erhöhen.

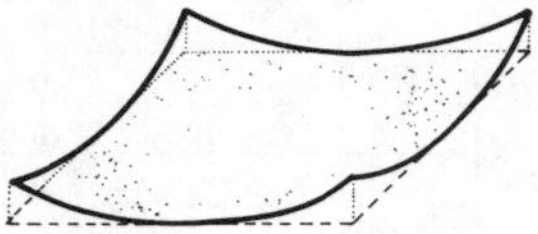

"schüsseln"

DRILLBEWEHRUNG :

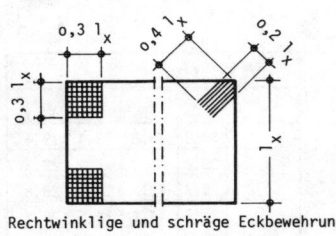

3. Feldmomente

$$M_{Fx} = \frac{q \cdot l_x^2}{n_{Fx}} \quad ; \quad M_{Fy} = \frac{q \cdot l_y^2}{n_{Fy}}$$

4. Stützenmomente

Die Stützenmomente der Durchlaufplatten ergeben sich aus dem Mittel der Volleinspannmomente der benachbarten Felder (Index 1 und 2), jedoch nicht kleiner als 75 % des größeren Volleinspannmomentes :

Rechtwinklige und schräge Eckbewehrung, OBERSEITE

Volleinspannmomente :

$$M_{Sxo} = \frac{q \cdot l_x^2}{n_{Sx}} \quad \text{bzw.} \quad M_{Syo} = \frac{q \cdot l_y^2}{n_{Sy}}$$

daraus Stützenmomente :

$$M_S = \frac{M_{So1} + M_{So2}}{2} \geq 0,75 \min M_{So} \text{(jeweils für x- und y-Richtung).}$$

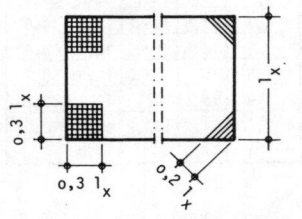

Rechtwinklige und schräge Eckbewehrung, UNTERSEITE

An Kragplatten gilt das volle Kragmoment. (Kein Mittelwert !) Das Auflager der Kragplatten gilt aber nur dann als eingespannter Rand der angrenzenden Platte, wenn das Kragmoment aus ständiger Last größer ist als das halbe Volleinspannmoment des Feldes.

107

StB 3 — BEMESSUNG — STAHLBETON

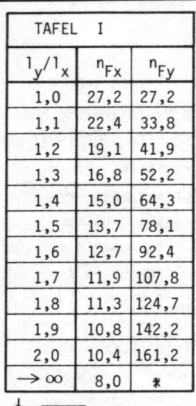

TAFEL I (STÜTZUNG 1)

l_y/l_x	n_{Fx}	n_{Fy}
1,0	27,2	27,2
1,1	22,4	33,8
1,2	19,1	41,9
1,3	16,8	52,2
1,4	15,0	64,3
1,5	13,7	78,1
1,6	12,7	92,4
1,7	11,9	107,8
1,8	11,3	124,7
1,9	10,8	142,0
2,0	10,4	161,2
→ ∞	8,0	*

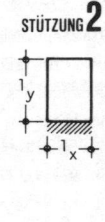

TAFEL II

STÜTZUNG 2

l_y/l_x	n_{Fx}	n_{Fy}	n_{Sy}
1,0	32,8	29,1	11,9
1,1	26,3	35,3	13,2
1,2	22,0	42,9	14,5
1,3	18,9	51,7	16,2
1,4	16,7	62,3	18,0
1,5	15,0	75,4	20,0
1,6	13,7	89,1	22,3
1,7	12,8	104,3	24,6
1,8	12,0	120,8	27,2
1,9	11,4	138,6	30,0
2,0	10,9	158,0	32,8
→ ∞	8,0	*	*

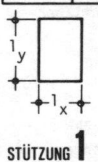

STÜTZUNG 2'

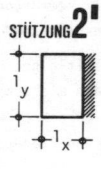

l_y/l_x	n_{Fx}	n_{Fy}	n_{Sx}
1,0	29,1	32,8	11,9
1,1	24,6	41,7	10,9
1,2	21,5	53,0	10,2
1,3	19,2	65,6	9,7
1,4	17,5	80,2	9,3
1,5	16,2	96,1	9,0
1,6	15,2	112,9	8,8
1,7	14,4	130,9	8,6
1,8	13,8	150,7	8,4
1,9	13,3	170,4	8,3
2,0	12,9	191,6	8,3
→ ∞	10,2	*	8,0

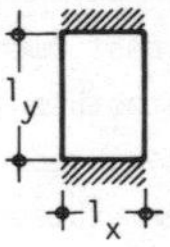

TAFEL III

STÜTZUNG 3

l_y/l_x	n_{Fx}	n_{Fy}	n_{Sy}
1,0	38,0	30,6	14,3
1,1	30,2	36,5	15,4
1,2	24,8	43,6	16,6
1,3	21,1	52,4	18,1
1,4	18,4	63,1	19,6
1,5	16,4	76,1	21,4
1,6	14,8	91,9	23,6
1,7	13,6	110,7	25,7
1,8	12,7	133,2	28,2
1,9	12,0	162,1	30,7
2,0	11,4	185,2	33,6
→ ∞	8,0	*	*

STÜTZUNG 3'

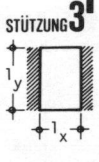

l_y/l_x	n_{Fx}	n_{Fy}	n_{Sx}
1,0	30,6	38,0	14,3
1,1	26,3	47,8	13,5
1,2	23,2	59,6	13,0
1,3	20,9	56,6	12,6
1,4	19,2	89,4	12,3
1,5	17,9	107,1	12,2
1,6	16,9	125,7	12,0
1,7	16,1	145,4	12,0
1,8	15,4	166,2	12,0
1,9	14,9	188,1	12,0
2,0	14,5	211,6	12,0
→ ∞	12,0	*	12,0

STÜTZUNGSARTEN

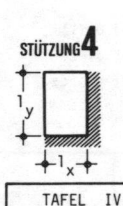

TAFEL IV (STÜTZUNG 4)

l_y/l_x	n_{Fx}	n_{Fy}	n_{Sx}	n_{Sy}
1,0	33,2	33,2	14,3	14,3
1,1	27,3	41,3	12,7	16,5
1,2	23,3	51,1	11,5	18,9
1,3	20,6	63,7	10,7	21,6
1,4	18,5	78,2	10,0	24,7
1,5	16,9	94,3	9,6	27,9
1,6	15,8	111,4	9,2	31,5
1,7	14,9	129,8	8,9	35,3
1,8	14,2	149,7	8,7	39,5
1,9	13,6	170,4	8,5	44,0
2,0	13,1	193,2	8,4	48,8
→ ∞	10,2	-	8,0	-

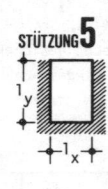

TAFEL V

STÜTZUNG 5

l_y/l_x	n_{Fx}	n_{Fy}	n_{Sx}	n_{Sy}
1,0	33,6	37,3	16,2	18,3
1,1	28,2	46,8	14,8	21,4
1,2	24,4	58,2	13,9	25,2
1,3	21,8	72,2	13,2	29,6
1,4	19,8	88,4	12,7	34,3
1,5	18,3	106,9	12,5	39,4
1,6	17,2	126,7	12,3	44,8
1,7	16,3	148,6	12,2	50,6
1,8	15,6	172,7	12,1	56,7
1,9	15,0	198,9	12,0	63,2
2,0	14,6	227,6	12,0	70,0
→ ∞	12,0	-	12,0	-

STÜTZUNG 5'

l_y/l_x	n_{Fx}	n_{Fy}	n_{Sx}	n_{Sy}
1,0	37,3	33,6	18,3	16,2
1,1	30,3	41,3	15,4	17,9
1,2	25,3	50,5	13,5	20,0
1,3	22,0	63,0	12,2	22,5
1,4	19,5	78,0	11,2	25,5
1,5	17,7	97,0	10,6	28,6
1,6	16,4	119,3	10,1	32,3
1,7	15,4	151,1	9,7	36,1
1,8	14,6	179,8	9,4	40,2
1,9	13,9	218,4	9,0	44,4
2,0	13,4	264,4	8,9	49,2
→ ∞	10,2	-	8,0	-

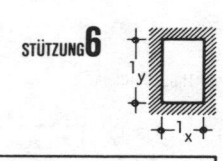

TAFEL VI (STÜTZUNG 6)

l_y/l_x	n_{Fx}	n_{Fy}	n_{Sx}	n_{Sy}
1,0	36,8	36,8	19,4	19,4
1,1	30,2	46,1	17,1	22,3
1,2	25,7	58,2	15,5	25,8
1,3	22,7	73,5	14,5	29,7
1,4	20,4	92,3	13,7	34,3
1,5	18,7	113,9	13,2	39,4
1,6	17,5	135,2	12,8	44,8
1,7	16,5	157,5	12,5	50,6
1,8	15,7	181,8	12,3	56,7
1,9	15,1	206,9	12,1	63,2
2,0	14,7	233,2	12,0	70,0
→ ∞	12,0	-	12,0	-

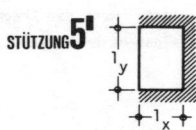

STAHLBETON BEMESSUNG StB 3

5. Beispiel : Wohnhausgrundriß
   a) System - Plan zeichnen mit Maßen, Spannrichtungen, Plattennummern.
   b) Plattendicke bestimmen min h = $\frac{l_i}{35}$ bzw. $\frac{l_i}{150}$. Bei einer zweiachsig gespannten Platte gilt die kleinere Ersatzstützweite l_i der beiden Spannrichtungen eines Feldes. Das Feld mit der größten Dicke d ist maßgebend für d aller Felder.
   c) Bestimmung der Stützungsart 2-6, evtl. 2',3' und 5'. Es empfiehlt sich, Koordinaten x und y für das gesamte Plattensystem und wenn erforderlich, davon abweichend Koordinaten x' und y' für das einzelne Plattenfeld (hier Feld 5) einzuführen. Ob für die einzelne Decke das Verhältnis $\varepsilon = l_y/l_x$ oder $\varepsilon' = l_{y'}/l_{x'}$ zu bilden ist, hängt von der Lage der eingespannten Ränder im Achsenkreuz ab und davon, daß l_x immer die kürzere Stützweite eines Feldes sein muß. Es ist zweckmäßig, durch Unterstreichung auf den Unterschied zwischen ε und ε' aufmerksam zu machen.
   d) Berechnung der Feldmomente und Volleinspannmomente mit den Werten n_F und n_S nach den Tafeln 2-6. (Tabelle 1 des Beispiels).
   e) Berechnung der Stützenmomente nach obigen Regeln (Tabelle 2 des Beispiels)
   f) Bemessung nach 3.1.3 mit Bemessungsformeln oder Mattentragmomenten.

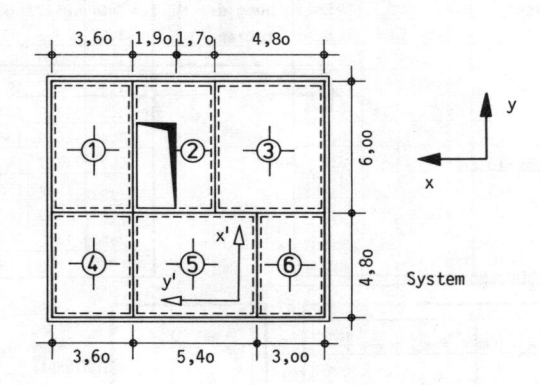

min h = $\frac{0{,}8 \cdot 4{,}80}{35}$ = 11 cm

gewählt: d = 13 cm

g = 4,00 KN/m²

p = 1,50 KN/m² < $\frac{2 \cdot 5{,}50}{3}$

q = 5,50 KN/m²

Tabelle 1. Feldmomente, Volleinspannmomente   kN m/m

Platten Nr.	Stützung	l_x / $l_{y'}$	l_y / $l_{x'}$	$\varepsilon = l_y/l_x$ $\varepsilon' = l_{y'}/l_{x'}$	n_{Fx}	n_{Fy}	n_{Sx}	n_{Sy}	M_{Fx}	M_{Fy}	M_{Sxo}	M_{Syo}
1	2	3,60	6,00	1,67	13,1	99,7	-	23,9	5,44	1,99	-	-8,28
2	Krag	1,70	-	-	-	-	2,0	-	-	-	-7,95	
3	4	4,80	6,00	1,25	22,0	57,4	11,1	20,3	5,76	3,45	-11,42	-9,75
4	4	3,60	4,80	1,33	20,0	68,1	10,5	22,5	3,56	1,86	-6,79	-5,63
5	5'	5,40	4,80	1,13	44,1	28,8	18,5	14,8	3,64	4,40	-8,67	-8,56
6	4	3,00	4,80	1,60	15,8	111,4	9,2	31,5	3,13	1,14	-5,38	-4,02

Tabelle 2. Stützenmomente   kN m/m

Rand i_K	benachbarte Felder = M_{So1}	= M_{So2}	$\frac{M_{So1} + M_{So2}}{2}$	0,75 min M_{So}	min M_S
4-5	-6,79	-8,67	-7,73	-6,50	-7,73
5-6	-8,67	-5,38	-7,03	-6,50	-7,03
1-4	-8,28	-5,63	-6,96	-6,21	-6,96
3-6	-9,75	-4,02	-6,88	-7,31	-7,31
3-5	-9,75	-8,56	-9,15	-7,31	-9,15
2-3	-7,95	-11,42	Kragmoment		-7,95

3.1.5 Bemessung der Balken

1. Vorschriften für Balken
(Rechteckquerschnitte und Plattenbalken)

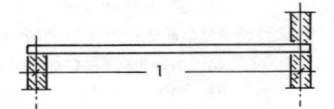

Stützweite

Bei Einfeldbalken, frei aufliegend oder eingespannt: Die Entfernung der Auflagermitten.

Bei außergewöhnlich großen Auflagerlängen: Die um 5 % vergrößerte lichte Weite.

   z.B.: lichte Weite (w) = 4,00 m; l = 1,05 · 4,00 = 4,20 m

Bei durchlaufenden Balken: Entfernung der Mitten von Unterzügen oder Stützen.

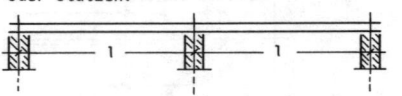

Auflager

Auflagertiefen mindestens 10 cm

2. Bemessungsformeln (ohne Druckbewehrung)

$$k_h = \frac{h\ [cm]}{\sqrt{\frac{M\ [kNm]}{b\ [m]}}} \qquad A_s\ [cm^2] = k_s \cdot \frac{M}{h}\ \frac{kNm}{cm} \qquad \tau_0 \cong \frac{Q}{b \cdot z} \qquad z \cong 0,85\ h$$

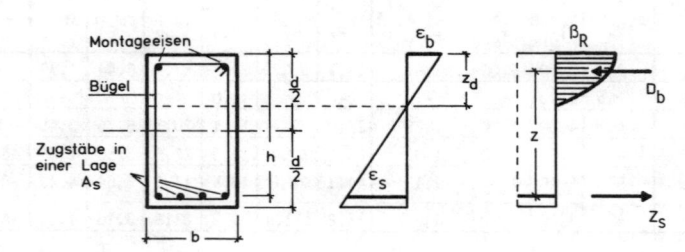

STAHLBETON — BEMESSUNG — StB 3

3. Bewehrung

a) Längsstähle

Im allgemeinen sind in der Zugzone nicht mehr als zwei Lagen von Bewehrungsstäben übereinander anzuordnen.

Der Abstand der Längsstähle ist $\geq$ 2 cm
$\geq$ Durchmesser eines Stahles
(Der größere Wert ist maßgebend.)

Balkenbreite b_0 in cm	Größte Anzahl von Stahleinlagen in einer Lage						
	Durchmesser der Stahleinlagen d_1 in mm						
	10	12	14	16	20	25	28
10	2	2	1	1	1	1	1
15	3	3	3	3	2	2	2
20	5	5	(5)	4	4	3	3
25	7	6	6	(6)	5	4	(4)
30	(9)	8	7	7	6	5	4
35	10	(10)	9	8	(8)	6	5
40	12	11	10	10	9	7	6
45	(14)	(13)	12	11	10	8	7
50	15	14	13	(13)	11	9	8
60	(19)	17	16	15	14	11	10
Angesetzter Bügel-$\emptyset$ $d_{bü}$	$d_{bü}$ = 8 mm				$d_{bü}$ = 10 mm		

Diese Werte gelten für 2,0 cm Betondeckung der Bügel.
Bei den Werten in ( ) werden die geforderten Abstände geringfügig unterschritten.

b) Bügel

Im Balken und Plattenbalken sind stets Bügel anzuordnen, die über die ganze Höhe des Querschnitts reichen müssen, damit der Zusammenhang zwischen Zug- und Druckgurt gesichert wird. Bei doppelter Bewehrung (Zug- und Druckarmierung) sind Zug- und Druckeinlagen durch die Bügel zu umschließen.

Die Bügelabstände sollen in Richtung der Stützweite folgendes Maß nicht überschreiten:

Bei konstruktiver Schubdeckung   0,8 d_0 bzw. 30 cm   ⎫ für BSt III
Bei verminderter Schubdeckung   0,6 d_0 bzw. 25 cm   ⎬ Der kleinere Wert ist
Bei voller Schubdeckung   0,3 d_0 bzw. 20 cm   ⎭ maßgebend.

c) Stegbewehrung (nur bei hohem Plattenbalken)

In Balken und Stegen von Plattenbalken mit mehr als 1,0 m Höhe sind an den Seitenflächen Längsstäbe anzuordnen, die über die Höhe der Zugzone zu verteilen sind (Stegbewehrung).
Der gesamte Querschnitt dieser Einlagen muß mind. 8 % des Querschnitts der Hauptzugbewehrung sein.

3.1.6 Bemessung der Plattenbalken

Balken-Plattenbalkenquerschnitte:
Auflagertiefen mindestens 10 cm
Dicke der Platte mindestens 7 cm

1. Im Bereich positiver Momente:

mitwirkende Druckplatte - als mitwirkender Druckgurt eines Plattenbalkens dürfen Platten nur dann in Rechnung gestellt werden, wenn sie mind. 7 cm dick sind.

Die Betonspannungen im Steg bleiben unberücksichtigt. (Näherung)

Mitwirkende Plattenbreite b_m (Näherung):

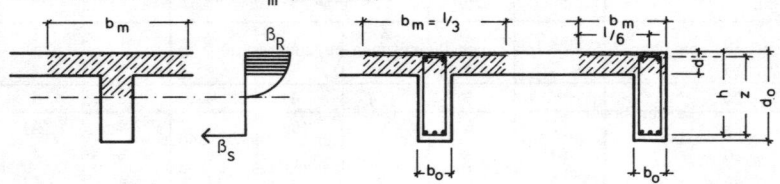

Bemerkung:
Im Plattenbalken sollte das positive Betontragmoment nicht voll ausgenutzt werden.
(Siehe Pfeile in Tab. StB 3.1.1)

Bemessung

Bemessung erfolgt wie bei Rechteckquerschnitt

$$A_s\ [cm^2] = k_s \cdot \frac{M\ [kNm]}{h\ [cm]}$$

$$k_h = \frac{h\ [cm]}{\sqrt{\frac{M\ [kNm]}{b_m\ [m]}}}$$

2. Im Bereich negativer Momente:

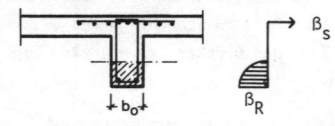

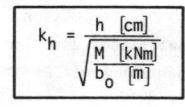

$$k_h = \frac{h\ [cm]}{\sqrt{\frac{M\ [kNm]}{b_o\ [m]}}}$$

Als druckaufnehmende Breite wirkt nur b_o.
Die Stähle dürfen z.T. in der angrenzenden Platte verlegt werden

3. Schub

$$\tau_o = \frac{Q}{b_o \cdot z} \qquad z \sim 0{,}85\ h$$

Bügelabstand

bei verminderter Schubdeckung: $s_{bü} \leq 0{,}6 \cdot d_o$ bzw. 25 cm
bei voller Schubdeckung: $s_{bü} \leq 0{,}3 \cdot d_o$ bzw. 20 cm

Der kleinere Wert ist maßgebend.

STAHLBETON — BEMESSUNG — StB 3

3.1.7 Bemessung der Rippendecken

1. Vorschriften für Rippendecken

$p \leq 5$ kN/m², $d \geq \frac{1}{10} w_1$; ≥ 5 cm

Querbewehrung, mind. erford.
BSt III: 3 ⌀ 6/m
BSt IV: 4 ⌀ 4/m

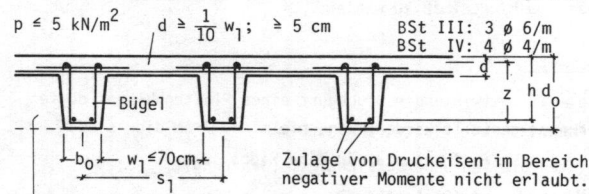

Bügel, b_0, $w_1 \leq 70$ cm, s_1

Querrippe siehe Text

Zulage von Druckeisen im Bereich negativer Momente nicht erlaubt.

Verbreiterung der Stege zur Aufnahme negativer Momente: mit 1 : 3 Neigung in Rechnung setzen.

Einzellasten über 7,5 kN sind durch Querrippen aufzunehmen.

Druckplatte:

Mindestdicke der Druckplatte: $d \geq 5{,}0$ cm (Dachdecken)

$\geq 1/10$ des lichten Rippenabstandes w_1

Im Inneren von Gebäuden nach Brandschutz-Vorschriften jedoch: $d \geq 8{,}0$ cm, wenn keine anderen Brandschutzmaßnahmen. (Ein statischer Nachweis für die Druckplatte ist nicht erforderlich.)

Mindestauflagertiefen wie bei Platten.

Tragrippen:

Der lichte Rippenabstand w_1 darf höchstens 70 cm betragen.

Zur Erzielung einer ebenen Deckenuntersicht können Rippendecken Lochsteine oder andere Füllkörper enthalten, die jedoch als statisch unwirksam betrachtet werden und zur Spannungsübertragung nicht herangezogen werden dürfen.

Mindestbreite der Rippen: $b_0 \geq 5{,}0$ cm

Größter Querrippenabstand s_q

Verkehrslast $\bar{p}$ kN/m²	Abstand der Querrippen bei Abstand s_1 der Tragrippen	
	$s_1 \leq \frac{1}{8}$	$s_1 > \frac{1}{8}$
$\leq 2{,}75$	–	$12 d_0$
$> 2{,}75$	$10 d_0$	$8 d_0$

s_1 Achsabstand der Längsrippen
l Stützweite der Längsrippen
d_0 Dicke der Rippendecke

Bei $l \geq 6$ m ist grundsätzlich, mindestens eine Querrippe erforderlich. In den Querrippen ist oben und unten je der gleiche Bewehrungsquerschnitt anzuordnen wie in einer Tragrippe.

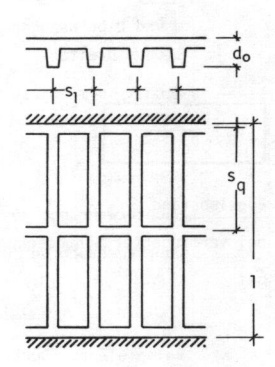

StB 3 | BEMESSUNG | STAHLBETON

Volle Ausnutzung der Betondruckspannungen und der Durchbiegungsbeschränkung führt zu sehr schlanken und elastischen Rippendecken mit hohem Bewehrungsanteil. Es ist daher im allgemeinen wirtschaftlich und konstruktiv besser, für die Nutzhöhe h nicht das zulässige Mindestmaß zu wählen.

2. Bemessungsformeln

Für positive Momente: wie Platte, b = 1,00 m
A_s für $b = s_l$ in eine Rippe legen

Für negative Momente: wie Rechteckquerschnitt, $b = \Sigma\, b_o$, bezogen auf 1 m
wenn erforderlich: Halbmassivstreifen - zur Vergrößerung von b_o

Es empfiehlt sich, die betrachtete Breite mit b = 1 m anzusetzen. Dann ist:

positive Momente:

$$k_h = \frac{h\;[cm]}{\sqrt{M\;[kNm]}} \qquad A_s\;[cm^2]\text{ je Rippe} = k_s \cdot \frac{M\;[kNm]}{h\;[cm]} \cdot s_l\;[m]$$

negative Momente:

$$k_h = \frac{h\;[cm]}{\sqrt{\dfrac{M\;[kNm]}{\Sigma\, b_o\,[m]}}} \qquad A_s/m\;[cm^2] = k_s \cdot \frac{M\;[kNm]}{h\;[cm]}$$

$\Sigma\, b_o$ ist die Summe der Rippenbreiten je m

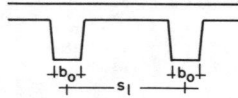

$\Sigma\, b_o = b_o\;[m] / s_l\;[m]$

Schub:

Q und Σ bo bezogen auf 1,00 m Breite

$$\tau_o = \frac{Q}{\Sigma\, b_o \cdot z} \leq \tau_{zul} \qquad z \cong 0{,}9\,h$$

Wenn $\tau_o > \tau_{zul}$, so kann die maßgebende Rippenbreite durch Halbmassivstreifen vergrößert werden.

Bewehrung:

Hauptbewehrung: Bei 2 Stäben je Rippe darf jeder 2. Stab aufgebogen werden.

Querbewehrung der Druckplatte: Mindestbewehrung:

BSt III: 3 ⌀ 6/m
BSt IV: 4 ⌀ 4/m

Beispiele für Schalbleche, Schalkörper und Deckenziegel siehe Tab. StB 4.

STAHLBETON — BEMESSUNG — StB 3

Ablauf der Bemessung einer Rippendecke

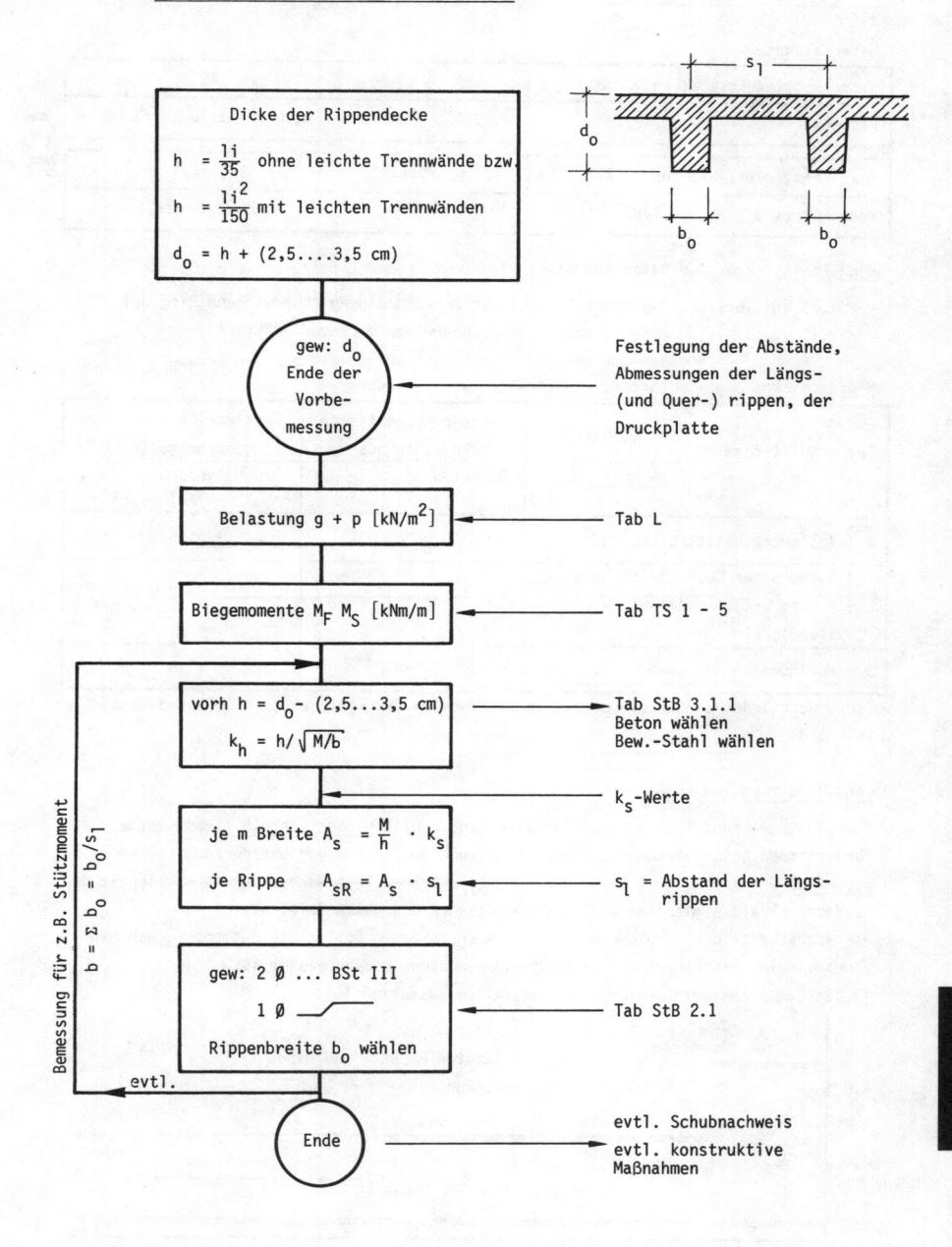

Dicke der Rippendecke

$h = \dfrac{li}{35}$ ohne leichte Trennwände bzw.

$h = \dfrac{li^2}{150}$ mit leichten Trennwänden

$d_o = h + (2{,}5 \ldots 3{,}5\ \text{cm})$

gew: d_o
Ende der Vorbemessung

→ Festlegung der Abstände, Abmessungen der Längs- (und Quer-) rippen, der Druckplatte

Belastung $g + p\ [\text{kN/m}^2]$ ← Tab L

Biegemomente $M_F\ M_S\ [\text{kNm/m}]$ ← Tab TS 1 - 5

vorh $h = d_o - (2{,}5 \ldots 3{,}5\ \text{cm})$
$k_h = h/\sqrt{M/b}$

→ Tab StB 3.1.1
Beton wählen
Bew.-Stahl wählen

← k_s-Werte

je m Breite $A_s = \dfrac{M}{h} \cdot k_s$

je Rippe $A_{sR} = A_s \cdot s_l$ ← s_l = Abstand der Längsrippen

gew: 2 Ø ... BSt III
1 Ø
Rippenbreite b_o wählen
← Tab StB 2.1

Ende

→ evtl. Schubnachweis
evtl. konstruktive Maßnahmen

Bemessung für z.B. Stützmoment
$b = \Sigma\ b_o = b_o/s_l$
evtl.

STAHLBETON

BEMESSUNG

3.2 LÄNGSKRAFT

3.2.1 Vorschriften und Empfehlungen

Materialwerte

Beton-Festigkeitsklassen B	15	25	35	45	55
Rechenwerte β_R = cal β (kN/cm^2)	1,05	1,75	2,30	2,70	3,00

Stahl-Festigkeitsklassen BSt	420 (III)	500 (IV)
Rechenwerte β_s (kN/cm^2)	42	50/42 (Druck)

β

Sicherheitsfaktor für Beton und Stahl

γ = 1,75 bei Versagen des Querschnittes mit Vorankündigung (überwiegend Biegung)
γ = 2,10 .... ohne Vorankündigung (überwiegend Längsdruckkraft)

Mindestdicken bügelbewehrter, stabförmiger Druckglieder

	Querschnittsform	stehend hergestellte Druckglieder aus Ortbeton [cm]	Fertigteile und liegend hergestellte Druckglieder [cm]
1	Vollquerschnitt, Dicke	$\geq$ 20	$\geq$ 14
2	Aufgelöster Querschnitt, z.B. I-, T- und L-förmig (Flansch- und Stegdicke)	$\geq$ 14	$\geq$ 7
3	Hohlquerschnitt (Wanddicke)	$\geq$ 10	$\geq$ 5

Die Druckglieder werden eingeteilt in stabförmige Druckglieder (b $\leq$ 5 d) und Wände (b > 5 d).

Längsbewehrung

Die Längsbewehrung $A_s + A_s'$ muß im Gesamtquerschnitt <u>mindestens 0,8 %</u> des statisch erforderlichen Betonquerschnitts und darf - auch im Bereich von Oberdeckungsstößen - <u>höchstens 9 %</u> von A_b (bei B 15   5 % von A_b) betragen. Mit wachsender Ausmittigkeit der Längsdruckkraft nimmt die zulässige Höchstbewehrung gemäß Tafel ab.
Die Höchstwerte der Längsbewehrung sind aber in jedem Fall so zu begrenzen, daß ein einwandfreies Einbringen und Verdichten des Betons gewährleistet ist.
(Zulässige Höchstwerte nur in Ausnahmefällen ausnutzen!)

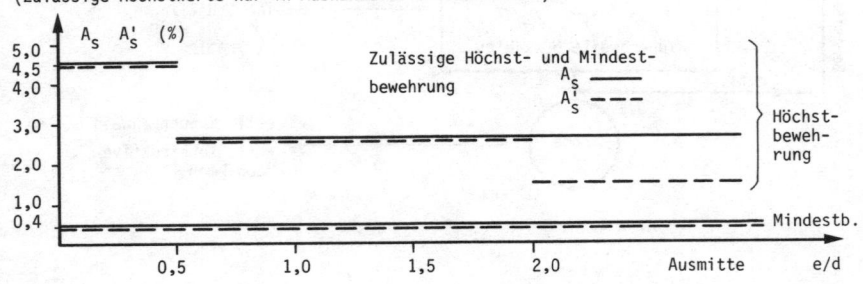

STAHLBETON — BEMESSUNG — StB 3

Bügelbewehrte Druckglieder

Mindestdurchmesser d_l der Längsbewehrung

Kleinste Querschnittsdicke der Druckglieder cm	Mindestdurchmesser d_l bei BSt 420 (III) BSt 500 (IV) mm
10	8
10 bis 20	10
20	12

Abstand der Längsbewehrung $\leq$ 30 cm
Ausnahme:
bei ▢ b $\leq$ 40 cm, je 1 Bewehrungsstab in den Ecken.

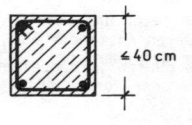

Verankerungslänge

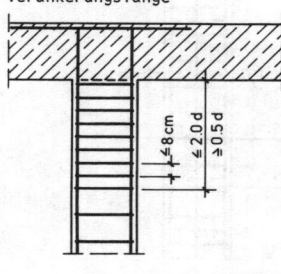

Gerade endende, druckbeanspruchte Bewehrungsstäbe dürfen erst im Abstand der Verankerungslänge vom Stabende als tragend mitgerechnet werden. Wenn die Verankerungslänge nicht im Bauteil (Balken o.ä.) untergebracht wird, dann ist ein 0,5 ... 2 d langer Abschnitt der Stütze zur Verankerung mit engliegenden Bügeln zu versehen.

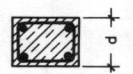

Bügelbewehrung in Druckgliedern

Mindest-Bügeldurchmesser	⌀ mm
Einzelbügel, Bügelwendel	5
Betonstahlmatten als Bügel	4
jedoch, wenn Längsstäbe mit ⌀ d_l > 20 mm	8

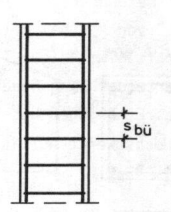

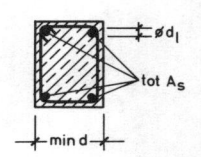

StB 3 | BEMESSUNG | STAHLBETON

Mit rechteckförmigen Bügeln können in jeder Querschnittsecke bis zu fünf Längsstäbe gegen Knicken gesichert werden. Der größte Achsabstand des äußersten dieser Stäbe vom Eckstab darf höchstens gleich dem 15-fachen Bügeldurchmesser sein.

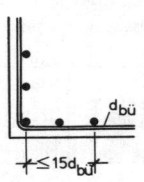

Bei einem größeren Abstand $\geq 15\,d_{bü}$ sind Zwischenbügel notwendig. Sie dürfen im doppelten Abstand der Hauptbügel liegen.

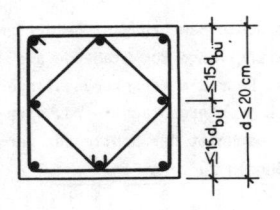

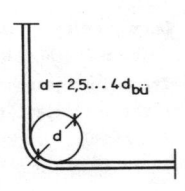

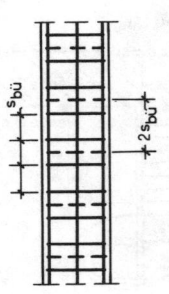

Weitere Beispiele für Bügelanordnungen

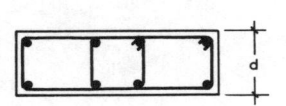

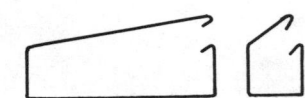

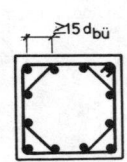

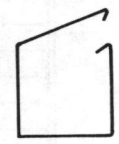

STAHLBETON BEMESSUNG StB 3

Umschnürte Druckglieder

Bestimmungen wie bei bügelbewehrten Stützen, jedoch mit folgenden Ausnahmen:

Mindestdicke und Betonfestigkeit:
Durchmesser d_k des Kernquerschnitts A_k: $d_k \geq 20$ cm
bei werkmäßig hergestellten Druckgliedern: $d_k \geq 14$ cm

Längsbewehrung tot A_s mind. 2 % A_k
im Bereich der Übergreifungsstöße von Längseisen tot $A_s \leq 9$ % A_k
Mindestbetonfestigkeit B 25

Umschnürung:
Ganghöhe $s_w \leq 8$ cm oder $\leq d_k/5$ (der kleinere Wert gilt)
Stabdurchmesser der Wendel: mind. 5 mm
Stabquerschnitt der Wendel a_w

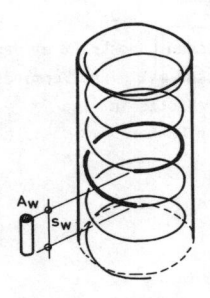

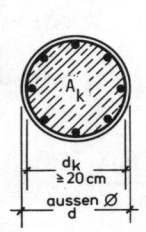

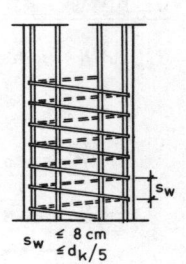

Gedachte Querschnittsfläche der Wendel A_w ergibt sich aus dem Querschnitt der Wendel, Kerndurchmesser d_k und Ganghöhe s_w:

$$A_w = \frac{\pi \cdot d_k \cdot a_w}{s_w} \qquad s_w = \frac{\pi \cdot d_k \cdot a_w}{A_w}$$

3.2.2 Knickberechnung der mittig belasteten Stahlbetonstütze

Die Gefahr des Versagens schlanker Stützen (hier Knickgefahr genannt) ist abhängig von den geometrischen Abmessungen (Schlankheit) und von der Belastung durch Längsdruckkräfte und Biegemomente (Ausmittigkeit). Die Knickberechnung wird ähnlich wie die Berechnung bei Stahl und Holz durchgeführt.

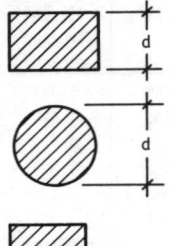

Schlankheit: $\lambda = s_k / i$

Trägheitsradius für quadratische und rechteckige Stützen
$\quad i = 0{,}289\,d \qquad \lambda = 3{,}46 \cdot s_k/d$

für runde Stützen
$\quad i = 0{,}250\,d \qquad \lambda = 4{,}0 \cdot s_k/d$

für Stützen mit beliebigem Querschnitt
$\quad i = \sqrt{I/A}$

$\lambda \longrightarrow \omega = f(\lambda) \quad$ Tab 3.2.4

Die Knickgefahr wird bei mittiger Belastung durch eine ideelle Erhöhung der rechnerischen Längskraft (Knickzahl ω_N) erfaßt. (Tab 3.2.4 erste Spalte für ω_N)

Mittige Längsdruckkraft

zul $N \geq$ vorh N

Die Erhöhung der rechnerischen Längskraft um den Faktor ω_N ist gleichbedeutend mit einer Verminderung der Tragfähigkeit der Stütze infolge Schlankheit um den gleichen Faktor.

Bügelbewehrte Stütze

$\lambda \leq 20 \quad$ zul $N = \dfrac{A_b \cdot \beta_R + \text{tot}\,A_s \cdot \beta_s}{2{,}1 \cdot \omega_N}$

$\lambda \leq 100 \quad$ zul $N = \dfrac{A_b \cdot \sigma_i}{\omega_N}$

$\sigma_i = \dfrac{\beta_R + \mu \cdot \beta_s}{2{,}1} \longleftarrow \sigma_i$

$\sigma_i \geq \dfrac{\omega_N \cdot \text{vorh}\,N}{A_b} \longrightarrow \mu$

Bezeichnungen

β_R = Betonfestigkeits-Rechenwert s. Tab. 3.2
β_s = Stahlspannungs-Rechenwert s. Tab. 3.2

Die ideelle Rechengröße σ_i kann in Abhängigkeit von Beton- und Stahlgüte und Bewehrungsgrad
$\mu = \dfrac{\text{tot}\,A_s}{A_b}$ der Tabelle und den Diagrammen 3.2.3 entnommen werden.

Umschnürte Stütze

$\lambda \leq 20 \quad$ zul $N = A_k (\sigma_i + \sigma_{wi})$

$\lambda > 20 \atop \leq 50 \quad$ zul $N = \dfrac{A_k}{\omega_N} (\sigma_i + \sigma_{wi})$

A_k = Kernquerschnitt
Die ideelle Rechengröße σ_{wi} drückt die Erhöhung der Tragfähigkeit durch die Umschnürung (Wendelbewehrung) aus und kann in Abhängigkeit von Beton- und Stahlgüte, Prozentsatz der Wendelbewehrung und bezogene Ausmittigkeit der umseitigen unteren Tabelle 3.2.3 entnommen werden.

STAHLBETON   BEMESSUNG   StB 3

3.2.3 Ideelle Spannungs-Rechenwerte σ_i und σ_{wi}

Die Größen σ_i und σ_{wi} haben die Dimensionen von Spannungen (kN/cm²) und ergeben sich aus der gemeinsamen Tragwirkung von Beton und Bewehrung.

Werte σ_i als Maß des Tragvermögens je cm² aus Beton und Längsbewehrung

BETON		B 15	B 25	B 35	B 45	B 55
STAHL	μ %	III,IV 420/500 500/550	III,IV 420/500 500/550	III,IV 420/500 500/550	III,IV 420/500 500/550	III,IV 420/500 500/550
Bügelbewehrte Stütze	0,8	0,660	0,993	1,255	1,446	1,539
	1,0	0,700	1,033	1,295	1,486	1,629
	1,5	0,800	1,133	1,395	1,586	1,729
	2,0	0,900	1,233	1,495	1,686	1,829
	2,5	1,000	1,333	1,595	1,786	1,929
	3,0	1,100	1,433	1,695	1,886	2,029
$A_s = \mu \cdot A_b$	3,5	1,200	1,533	1,795	1,986	2,129
	4,0	1,300	1,633	1,895	2,086	2,229
	4,5	1,400	1,733	1,995	2,186	2,329
Umschnürte Stütze	5,0	1,500	1,833	2,095	2,286	2,429
	5,5		1,933	2,195	2,386	2,529
	6,0		2,033	2,295	2,486	2,629
	6,5		2,133	2,395	2,586	2,729
	7,0		2,233	2,495	2,686	2,829
	7,5		2,333	2,595	2,786	2,929
	8,0		2,433	2,695	2,886	3,029
$A_s = \mu \cdot A_k$	8,5		2,533	2,795	2,986	3,129
	9,0		2,633	2,895	3,086	3,229

$\sigma_i \triangleq \beta_{Ri}/2{,}1$

Werte σ_{wi} als Maß des zusätzlichen Tragvermögens je cm² Kernquerschnitt durch die Wendelbewehrung. (In Abhängigkeit von der Ausmittigkeit bis $e/d_k = 1/8$).

BETON			B 25	B 35	B 45	B 55
STAHL	μ_w%	e/d_k	III,IV 420/500 500/550	III,IV 420/400 500/550	III,IV 420/500 500/550	III,IV 420/500 500/550
Umschnürte Stütze	1,0	0,000	0,160	0,170	0,180	0,190
		0,025	0,161	0,180	0,195	0,209
		0,050	0,163	0,190	0,211	0,228
		0,075	0,164	0,199	0,226	0,247
		0,100	0,165	0,209	0,242	0,267
		0,125	0,167	0,219	0,257	0,286
	2,0	0,000	0,320	0,340	0,360	0,380
		0,025	0,289	0,316	0,339	0,361
		0,050	0,259	0,292	0,319	0,341
Wendelbewehrung		0,075	0,228	0,267	0,298	0,323
		0,100	0,179	0,243	0,278	0,305
		0,125	0,167	0,219	0,257	0,286
$A_w = \mu_w \cdot A_k$	3,0	0,000	0,480	0,510	0,540	0,570
		0,025	0,417	0,452	0,483	0,513
$A_w \triangleq \dfrac{\pi \cdot d_k \cdot a_w}{s_w}$		0,050	0,355	0,394	0,427	0,456
		0,075	0,292	0,335	0,370	0,399
		0,100	0,229	0,277	0,314	0,343
		0,125	0,167	0,219	0,257	0,286

$\sigma_{wi} \triangleq \Delta \beta_{Rw}/2{,}1$

StB 3 BEMESSUNG — STAHLBETON

3.2.4 Knickzahlen ω_N und ω_M und zugehörige Bewehrungsanordnung

ω

e/d \ λ	20	25	30	35	40	45	50	55	60	65	70	75	80	85	90	95	100
5,0															1,00	1,00	1,00
4,5												1,00	1,00	1,00	1,02	1,06
4,0										1,00		1,02	1,05	1,08	1,12
3,5		1,00	1,00	1,00	1,00	1,00	1,00	1,00	1,02	1,05	1,08	1,11	1,14	1,18
3,0		1,00	1,01	1,01	1,02	1,02	1,03	1,03	1,04	1,05	1,06	1,08	1,11	1,14	1,17	1,20	1,24
2,5	1,00	1,01	1,02	1,03	1,04	1,05	1,06	1,07	1,08	1,09	1,10	1,12	1,14	1,17	1,20	1,23	1,26	1,30
2,0	1,00	1,02	1,03	1,05	1,07	1,08	1,10	1,11	1,13	1,14	1,16	1,19	1,22	1,25	1,28	1,32	1,36
1,5	1,00	1,02	1,04	1,06	1,09	1,11	1,13	1,15	1,17	1,19	1,21	1,24	1,28	1,32	1,36	1,40	1,45
1,0	1,00	1,03	1,06	1,09	1,13	1,16	1,19	1,22	1,25	1,28	1,31	1,35	1,40	1,45	1,50	1,56	1,62
0,9	3,34 / 1,00	3,42 / 1,03	1,07	1,10	1,14	1,18	1,21	1,24	1,28	1,31	1,34	1,39	1,44	1,49	1,55	1,61	1,68
0,8	3,08	3,16	3,23 / 1,08	3,31 / 1,12	3,39 / 1,16	1,20	1,24	1,28	1,31	1,35	1,39	1,44	1,49	1,55	1,61	1,68	1,75
0,7	2,82	2,90	2,98	3,05	3,13	3,21 / 1,22	3,29 / 1,27	3,36 / 1,31	1,36	1,40	1,45	1,50	1,56	1,62	1,69	1,76	1,83
0,6	2,56	2,64	2,72	2,80	2,88	2,96	3,03	3,11	3,19 / 1,42	3,27 / 1,47	3,35 / 1,53	1,58	1,63	1,70	1,77	1,84	1,92
0,5	2,30	2,38	2,46	2,55	2,63	2,71	2,79	2,87	2,96	3,04	3,12	3,25 / 1,69	3,40 / 1,75	3,60 / 1,82	1,87	1,95	2,03
0,4	2,04	2,12	2,20	2,28	2,36	2,45	2,53	2,61	2,69	2,77	2,85	2,96	3,07	3,26	3,41 / 2,02	3,62 / 2,08	3,84 / 2,16
0,3	1,78	1,86	1,95	2,03	2,11	2,20	2,28	2,36	2,44	2,53	2,61	2,70	2,80	2,92	3,03	3,21	3,40
0,2	1,52	1,59	1,66	1,74	1,81	1,88	1,95	2,02	2,10	2,17	2,24	2,33	2,42	2,54	2,66	2,81	2,96
0,1	1,26	1,32	1,37	1,43	1,49	1,55	1,60	1,66	1,72	1,77	1,83	1,91	2,00	2,11	2,22	2,36	2,45
0,0 (mittig)	1,00	1,04	1,08	1,12	1,16	1,20	1,24	1,28	1,32	1,36	1,40	1,48	1,57	1,65	1,73	1,82	1,90

außermittige Längsdruckkraft $e/d = M/N \cdot d$

Knickzahl ω_M (oben) / Knickzahl ω_N (unten)

Schlankheit $\lambda = s_k / i$

symmetrische Bewehrung: $A_s = A_s'$; $\geq 0{,}4\ \%\ A_b$; $\leq 4{,}5\ \%\ A_b$

unsymmetrische Bewehrung: $A_s' \sim 0{,}3\ \mathrm{tot}\ A_s$; $\geq 0{,}4\ \%\ A_b$; $A_s \sim 0{,}7\ \mathrm{tot}\ A_s$; $\geq 0{,}8\ \%\ A_b$; $\leq 2{,}5\ \%\ A_b$

unsymmetrische Bewehrung: A_s'; $\geq 0{,}4\ \%\ A_b$; A_s; $\leq 1{,}0\ \%\ A_b$; $\leq 2{,}5\ \%\ A_b$

STAHLBETON — BEMESSUNG — StB 3

3.2.5 Bemessungsbeispiele für mittige Längsdruckkraft

Stützen ohne Knickgefahr $\lambda < 20$: mittige Längskraft vorh $N = 2400$ kN, B 25, BSt 420 S
(III) Mindestbewehrung

Bügelbewehrte Stütze:

$\sigma_i = 0{,}993$ kN/cm^2 bei $\mu = 0{,}8$ % Bew.
erf $A_b = 2400/0{,}993 = 2415$ cm^2
$= 49{,}2 \cdot 49{,}2$ cm; gewählt $\underline{50 \cdot 50}$ cm
erf $A_s = 0{,}008 \cdot 2415 = 19{,}3$ cm^2
gewählt: $\underline{8 \,\phi\, 18}$, Bügel $\phi\, 8$, $s_{bü} = 20$ cm $< 12 \cdot 1{,}8$
Zwischenbügel $\phi\, 8$, $s_{bü} = 40$ cm

Umschnürte Stütze:

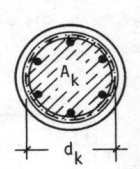

$\sigma_i = 1{,}233$ kN/cm^2 bei $\mu = 2$ % Längsbew.
$\sigma_{wi} = 0{,}16$ kN/cm^2 bei $\mu = 1$ % Wendelbew.
erf $A_k = 2400/1{,}393 = 1720$ cm^2 (erf $A_k = \dfrac{N}{\sigma_i + \sigma_{wi}}$)
→ $d_k = 46{,}8$ cm; gewählt Außen $\phi\, d = 52$ cm
erf $A_s = 0{,}02 \cdot 1720 = 34{,}3$ cm^2
gewählt $\underline{6 \,\phi\, 28}$ (36,94)
Wendel: erf $A_w = 0{,}01 \cdot 1720 = 17{,}2$ cm^2
gew. $\underline{\text{Wendel } \phi\, 10}$ ($a_w = 0{,}785$ cm^2)
erf $s_w = \pi \cdot 47 \cdot 0{,}785/17{,}2 = 6{,}7$ cm
gew. $\underline{\text{Ganghöhe } s_w = 6{,}5 \text{ cm}} < 47/5$

Stützen mit Knickgefahr mittige Längsdruckkraft vorh $N = 1000$ kN; $s_k = 3{,}0$ m; B 25, BSt 420 S

Bügelbewehrte quadratische Stütze:

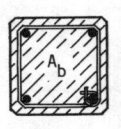

geschätzt: $30 \cdot 30$ cm; $A_b = 900$ cm^2
$\lambda = \dfrac{300}{0{,}289 \cdot 30} = 34{,}6 \longrightarrow \omega = 1{,}12$
erf $\sigma_i = \dfrac{1{,}12 \cdot 1000}{30 \cdot 30} = 1{,}24$ kN/cm^2

Tab. 3.2.3: $\mu = 2{,}1$ %
erf $A_s = 0{,}021 \cdot 900 = 18{,}9$ cm^2
gewählt: $\underline{\text{Stütze } 30 \cdot 30; \ 4 \,\phi\, 25}$ (19,63 cm^2)
Bügel $\phi\, 8$, $s_{bü} = 30$ cm $= 12 \cdot 2{,}5$

Umschnürte, runde Stütze:

geschätzt: $\phi\, 30$ cm; $d_k = 25$ cm; $A_k = 491$ cm^2
$\lambda = \dfrac{300}{0{,}25 \cdot 30} = 40 \longrightarrow \omega_N = 1{,}16$
erf $(\sigma_i + \sigma_{wi}) = \dfrac{1{,}16 \cdot 1000}{491} = 2{,}36$ kN/cm^2

Tab. 3.2.3: $\mu = 5{,}5$ %; $\mu_w = 3{,}0$ % (1,933 + 0,480 = 2,413 kN/cm^2)
erf $A_s = 0{,}055 \cdot 491 = 27{,}0$ cm^2
gewählt: $\underline{\text{Stütze } \phi\, 30;\ 6 \,\phi\, 25}$ (29,46 cm^2)
Wendel: erf $A_w = 0{,}03 \cdot 491 = 14{,}73$ cm^2
gewählt $\underline{\text{Wendel } \phi\, 10}$ ($a_w = 0{,}785$ cm^2)
erf $s_w = \pi \cdot 25 \cdot 0{,}785/14{,}73 = 4{,}19$ cm
gew. $\underline{\text{Ganghöhe } s_w = 4{,}0 \text{ cm}} < 25/5$

3.2.6 Überschlagswerte für Stahlbetonstützen

In vielen Fällen benötigt der entwerfende Architekt nur die Kenntnis der Außenabmessungen der Stahlbetonstützen und nicht die der Bewehrung. Die Last der Stütze wird dazu grob vereinfacht mit der auf sie entfallenden Geschoßeinzugsfläche und einer Einheitsbelastung/m^2 Deckenfläche berechnet. (Tab. L 1.2)

Zur Beschreibung des Bewehrungsgrades genügt meist die sehr grobe Einteilung in
- Stützen mit Mindestbewehrung (wirtschaftlich) oder
- Stützen bei hohen Bewehrungsgraden.
- (Stützen bei sehr hohen Bewehrungsgraden -aufwendig- sollten vermieden werden.)

Zum Überschlagen der Querschnittsabmessungen können statt der Beton-Rechenfestigkeit β_R die Nennfestigkeit B 15 .... B 45 (1,5 kN/cm^2 .... 4,5 kN/cm^2) und Beiwerte n, die sowohl Knickbeiwerte als auch den Bewehrungsgrad enthalten, verwandt werden.

Beiwerte n $\sigma_i = n \cdot B ...$

$s_{K/d}$	-	-	1,2 %	1,8 %	bei B 15
	0,8 %	1,0 %	2,0 %	3,0 %	bei B 25
	1,5 %	1,8 %	3,2 %	4,5 %	bei B 35
	2,5 %	2,9 %	4,6 %	-	bei B 45
6	⎡0,40⎤	0,41	0,49	⎡0,60⎤	
8	0,37	0,39	0,47	0,55	
10	0,35	0,37	0,44	0,51	× B... (Nennfestigkeit)
12	0,34	0,35	0,42	0,49	1,5 kN/cm^2 oder
14	0,32	0,34	0,40	0,47	2,5
16	0,31	0,32	0,38	0,45	3,5
18	⎡0,30⎤	0,31	0,37	0,43	4,5
20	0,28	0,29	0,35	⎡0,40⎤	

Der erforderliche Querschnitt einer Stahlbetonstütze läßt sich damit für bestimmte Bewehrungsprozentsätze und Schlankheiten $s_{K/d}$ überschlagen

$$\text{erf } A_b = \frac{\text{vorh N}}{n \cdot B}$$

Die wichtigsten "Eckwerte" $\boxed{0,30}$ .... $\boxed{0,60}$ sind als Merkwerte hervorgehoben.

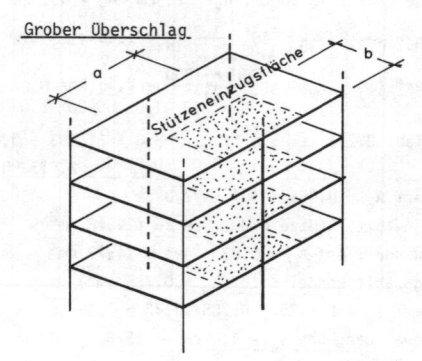

Grober Überschlag

Für B 25 gilt

erf A_b (cm^2) = vorh N (kN)

Hier wird davon ausgegangen, daß der Knickbeiwert durch den Bewehrungsgrad ausgeglichen werden kann. Bei üblichen Deckenlasten von q = 10 kN/m^2 führt dies zu der einfachen Merkregel:

$$1 \text{ m}^2 \text{ Deckeneinzugsfläche} \longrightarrow 10 \text{ cm}^2 \text{ Stützenquerschnitt}$$

STAHLBETON — BEMESSUNG — StB 3

Vorschriften und Empfehlungen siehe 3.2.1

3.3.1 Bemessungstabelle für Biegung und Längskraft

Moment, bezogen auf Zugbewehrung:

$$M_s = M - N \cdot z_s$$

(N mit Vorzeichen einsetzen: Druck -, Zug +)

Bei knickgefährdeten Stahlbetonteilen M_K (StB 3.3.2) statt M verwenden

$$k_h = \frac{h \text{ (cm)}}{\sqrt{\dfrac{M_s \text{ (kNm)}}{b \text{ (m)}}}}$$

bei $k_h \geq k_h^*$ 　　　　　　　　bei $k_h < k_h^*$

EINFACHE BEWEHRUNG　　　　　DOPPELTE BEWEHRUNG mit BSt 420 S
　　　　　　　　　　　　　　　　　(häufigster Bewehrungsstahl)

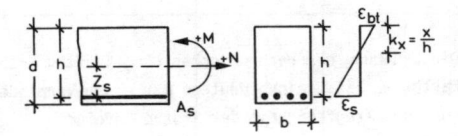

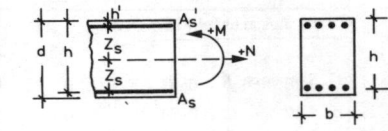

k_s-Werte s. Tab. StB 3.1.1

für alle BSt

$$A_s \text{ (cm}^2\text{)} = \frac{M_s \text{ (kNm)}}{h \text{ (cm)}} \; k_s + \frac{1{,}75 \cdot N \text{ (kN)}}{\beta_s \text{ (kN/cm}^2\text{)}}$$

$$A_s \text{ (cm}^2\text{)} = \frac{M_s \text{ (kNm)}}{h \text{ (cm)}} \; k_s \cdot \rho + \frac{N \text{ (kN)}}{24{,}0}$$

$$A_s' \text{ (cm}^2\text{)} = \frac{M_s \text{ (kNm)}}{h \text{ (cm)}} \; k_s' \cdot \rho'$$

ρ und ρ' ungefähr 1,0 .... 1,20 (aus Betonkalender)

		k_h							k_h					
B 15	B 25	B 35	B 45	B 55	k_s	k_s'	B 15	B 25	B 35	B 45	B 55	k_s	k_s'	
k_h^* = 2,22	1,72	1,50	1,39	1,31	5,4	0	1,81	1,40	1,23	1,13	1,07	5,1	1,5	nach DIN
2,19	1,70	1,48	1,37	1,30	5,0	0,1	1,78	1,38	1,20	1,11	1,05	5,1	1,6	
2,17	1,68	1,47	1,35	1,28	5,3	0,2	1,75	1,35	1,18	1,09	1,03	5,0	1,7	
2,14	1,66	1,45	1,34	1,27	5,3	0,3	1,72	1,33	1,16	1,07	1,02	5,0	1,8	
2,12	1,64	1,43	1,32	1,25	5,3	0,4	1,69	1,31	1,14	1,05	1,00	5,0	1,9	
2,09	1,62	1,41	1,31	1,24	5,3	0,5	1,65	1,28	1,12	1,03	0,98	5,0	2,0	
2,06	1,60	1,39	1,29	1,22	5,3	0,6	1,62	1,25	1,09	1,01	0,96	5,0	2,1	
2,04	1,58	1,38	1,27	1,20	5,2	0,7	1,55	1,20	1,05	0,96	0,92	4,9	2,3	
2,01	1,56	1,36	1,26	1,19	5,2	0,8	1,48	1,14	1,00	0,92	0,87	4,9	2,5	
1,98	1,54	1,34	1,24	1,17	5,2	0,9								
1,96	1,51	1,32	1,22	1,16	5,2	1,0	1,44	1,11	0,97	0,90	0,85	2,6		
1,93	1,49	1,30	1,20	1,14	5,2	1,1	1,40	1,08	0,95	0,87	0,83	2,7		Erweiterung
1,90	1,47	1,28	1,19	1,12	5,1	1,2	1,36	1,05	0,92	0,85	0,80	2,8	$A_s = A_s'$ wählen	
1,87	1,45	1,26	1,17	1,11	5,1	1,3	1,32	1,02	0,89	0,82	0,78	2,9		
1,84	1,43	1,24	1,15	1,09	5,1	1,4	1,28	0,99	0,86	0,80	0,76	3,0		

3.3.2 Knickberechnung der ausmittig belasteten Stahlbetonstütze

Die Gefahr des Versagens schlanker Stützen (hier Knickgefahr genannt) ist abhängig von den geometrischen Abmessungen (Schlankheit) und von der Belastung durch Längsdruckkräfte und Biegemomente (Ausmittigkeit).

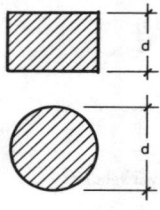

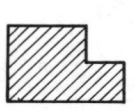

Schlankheit: $\lambda = s_K/i$

Trägheitsradius für quadratische und rechteckige Stützen

$i = 0,289 \, d \qquad \lambda = 3,46 \cdot s_K/d$

für runde Stützen

$i = 0,250 \, d \qquad \lambda = 4,0 \cdot s_K/d$

für Stützen mit beliebigem Querschnitt

$i = \sqrt{I/A}$

Ausmittigkeit:

$$e = \frac{\text{vorh } M}{\text{vorh } N}$$

bezogene Ausmittigkeit:

$$\frac{e}{d} = \frac{\text{vorh } M}{\text{vorh } N \cdot d}$$

$\omega = f(\lambda; e/d)$ \qquad Tab. 3.2.4

Die Knickgefahr wird bei kleinen Ausmittigkeiten – bis zur Treppenlinie s. Tab. 3.2.4 – durch eine ideelle Erhöhung der rechnerischen Längskraft (Knickzahl ω_N), bei großen Ausmittigkeiten durch ideelle Vergrößerung des Moments (Knickzahl ω_M) erfaßt. (Tab. 3.2.4)

Kleine Ausmittigkeit

zul $N \geq$ vorh N

Die Erhöhung der rechnerischen Längskraft um den Faktor ω_N ist gleichbedeutend mit einer Verminderung der Tragfähigkeit der Stütze infolge Schlankheit und Ausmittigkeit um den gleichen Faktor.

Bügelbewehrte Stütze

$\lambda \leq 20$ \quad zul $N = \dfrac{A_b \cdot \beta_R + \text{tot } A_s \cdot \beta_s}{2,1 \cdot \omega_N}$

$\lambda \leq 100$ \quad $\boxed{\text{zul } N = \dfrac{A_b \cdot \sigma_i}{\omega_N}}$

$\sigma_i = \dfrac{\beta_R + \mu \cdot \beta_s}{2,1} \longleftarrow \sigma_i$

$\boxed{\sigma_i = \dfrac{\omega_N \cdot \text{vorh } N}{A_b}} \longrightarrow \mu$

Bezeichnungen

β_R = Betonfestigkeits-Rechenwert s. Tab. 3.2
β_s = Stahlspannungs-Rechenwert s. Tab. 3.2

Die ideelle Rechengröße σ_i kann in Abhängigkeit von Beton- und Stahlgüte und Bewehrungsgrad

$\mu = \dfrac{\text{tot } A_s}{A_b}$ der Tabelle und den Diagrammen 3.2.3 entnommen werden.

Umschnürte Stütze (Bis zur Ausmittigkeit $e/d_K = 1/8$)

$\lambda \leq 20$ \quad $\boxed{\text{zul } N = A_k \, (\sigma_i + \sigma_{wi})}$

$\lambda > 20 \\ \leq 50$ \quad $\boxed{\text{zul } N = \dfrac{A_k}{\omega_N} (\sigma_i + \sigma_{wi})}$

A_k = Kernquerschnitt

Die ideelle Rechengröße σ_{wi} drückt die Erhöhung der Tragfähigkeit durch die Umschnürung (Wendelbewehrung) aus und kann in Abhängigkeit von Beton- und Stahlgüte, Prozentsatz der Wendelbewehrung und bezogene Ausmittigkeit der unteren Tabelle 3.2.3 entnommen werden.

Große Ausmittigkeit (nur bei bügelbewehrten Stützen)

$M_K = \omega_M \cdot \text{vorh } M$

M_K = Gesamtmoment aus planmäßigem Moment und Ersatzmoment für die Knickgefahr.

Die weitere Berechnung erfolgt wie bei Längskraft + Biegung s. Tab. 3.3.1

STAHLBETON BEMESSUNG StB 3

3.3.3 Bemessungsbeispiele für Biegung und Längskraft

<u>Stützen mit Knickgefahr und Ausmittigkeit</u> vorh N = 900 kN; vorh M = 54 kNm; s_k = 3,0 m;
B 25, BSt 420 S   (III)
z. B. aus vertikaler Last und Wind.

Bügelbewehrte, rechteckige Stütze:

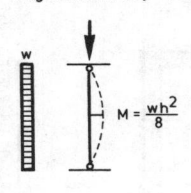

geschätzt 30 · 40 cm

$\lambda_y = 3{,}46 \cdot \frac{300}{30} = 34{,}5$ $\omega_{Ny} = 1{,}12$ (Tab. 3.2.4)

$\lambda_z = \frac{300}{0{,}289 \cdot 40} = 26$; e/d = $\frac{54}{900 \cdot 0{,}4} = 0{,}15$;

$\omega_{Nz} = 1{,}45$

erf $\sigma_i = \frac{1{,}45 \cdot 900}{30 \cdot 40} = 1{,}09$ kN/cm²

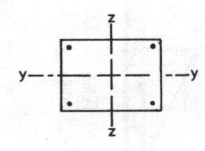

$\mu = 1{,}1$ %   (Tab. 3.2.3)

tot $A_s = 0{,}011 \cdot 1200 = 13{,}2$ cm² → 4 ⌀ 22

Bügel ⌀ 8, $s_{bü}$ = 26 cm < 12 · 2, 2 < 30

Umschnürte, runde Stütze: hier nicht möglich, da $e/d_k > 1/8$

<u>Gedrungene Stütze mit Biege- und Längskraftbeanspruchung</u>

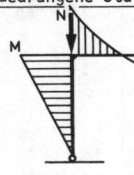

z.B. Rahmenstiel; B 25; BSt 420 S

N = - 450 kN; M = 300 kNm

geschätzt 30 · 50 cm

große Ausmittigkeit sh. 3.3.2

$e/d = \frac{300}{450 \cdot 0{,}50} = 1{,}33$

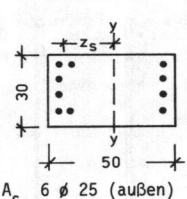

Bemessung nach 3.3.1

z_s = 21 cm; h = 46 cm

$M_s = 300 + 450 \cdot 0{,}21 = 395$ kNm

$k_h = 46/\sqrt{395/0{,}3} = 1{,}27$; $k_s = 5{,}0$ $k'_s = 2{,}0$

A_s 6 ⌀ 25 (außen) $A_s = \frac{395}{46} \cdot 5{,}0 \cdot 1{,}1 - \frac{450}{24} = 47{,}3 - 18{,}7 = 28{,}6$ cm²

A'_s 4 ⌀ 25 (innen) $A'_s = \frac{395}{46} \cdot 2{,}0 \cdot 1{,}1 = 18{,}9$ cm²

Schlanke Stütze, sonst wie vor s_k = 5,0 m λ_y = 35

e/d = 1,33 $\omega_M = 1{,}07$ $M_K = 1{,}07 \cdot 300 = 321$ kNm

Berechnung wie vor mit M_K statt M

StB 4 KONSTRUKTION — STAHLBETON

STAHLBETONPLATTE - BEWEHRUNGSPLAN

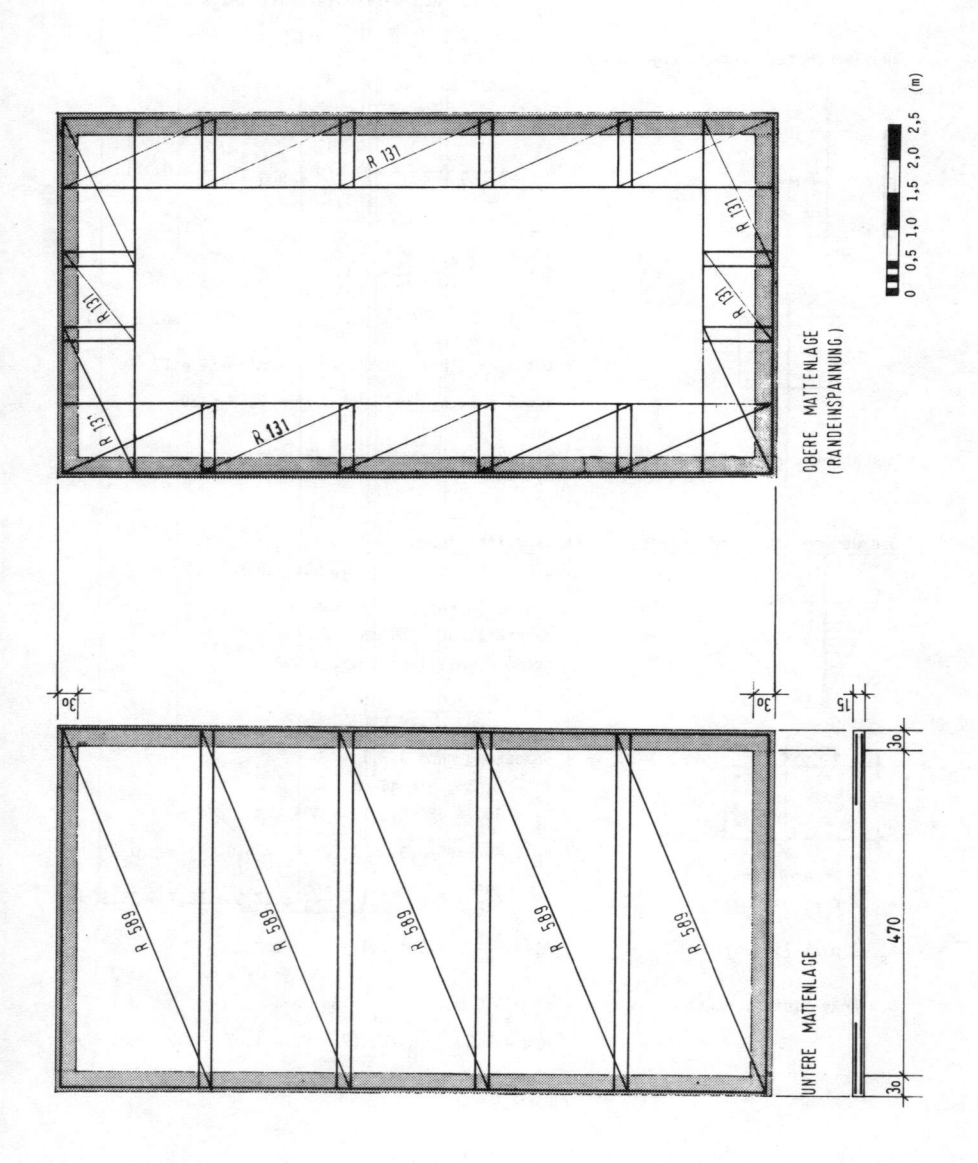

OBERE MATTENLAGE (RANDEINSPANNUNG)
- R 131

UNTERE MATTENLAGE
- R 589

470

STAHLBETON KONSTRUKTION StB 4

STAHLBETONBALKEN-BEWEHRUNGSPLAN B 25 BSt 420

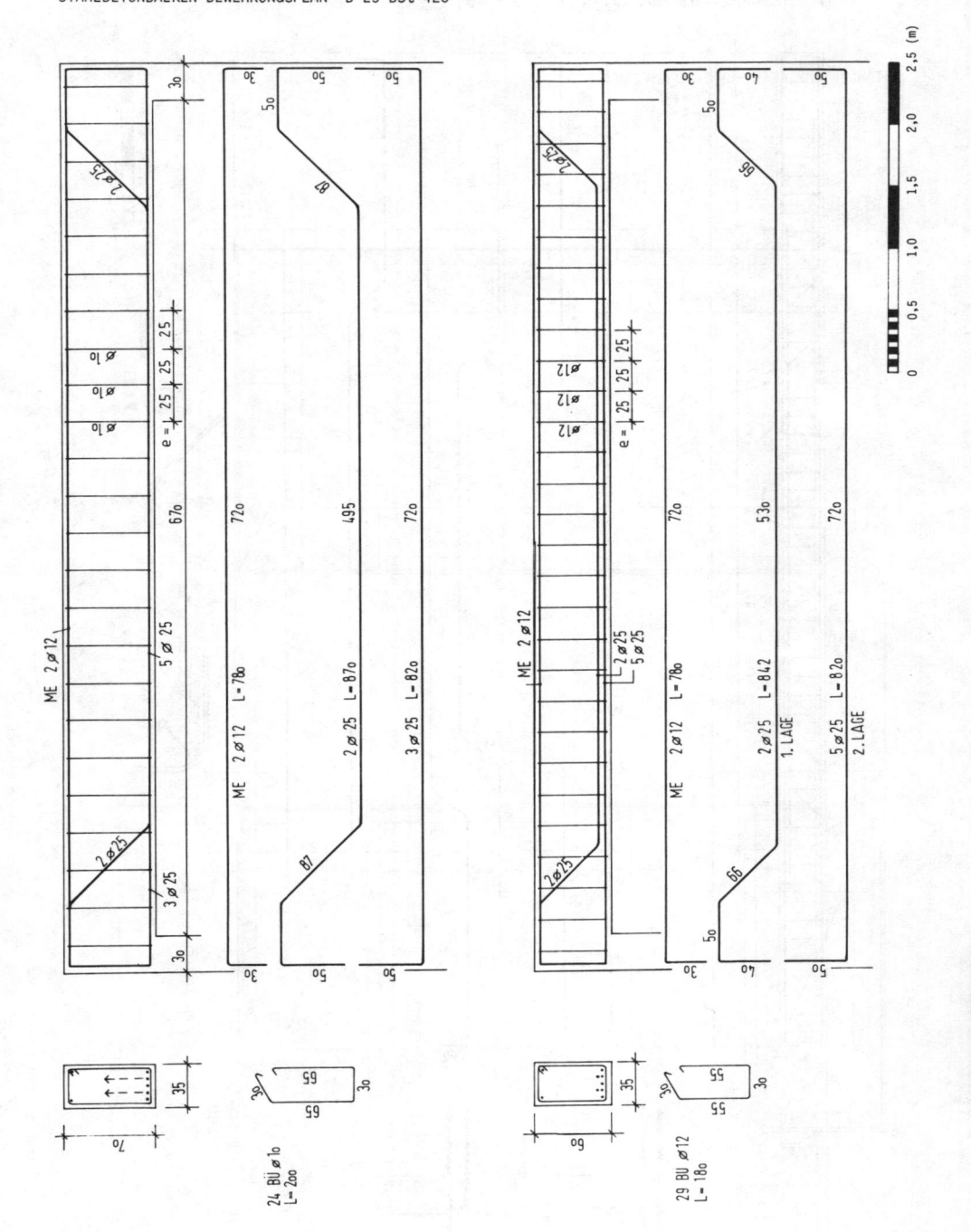

StB 4 KONSTRUKTION — STAHLBETON

PLATTENBALKEN-BEWEHRUNGSPLAN B 25 BSt 420

STAHLBETON　　KONSTRUKTION　　StB 4

RIPPENDECKE MIT DECKENGLEICHEN BALKEN - SCHALPLAN

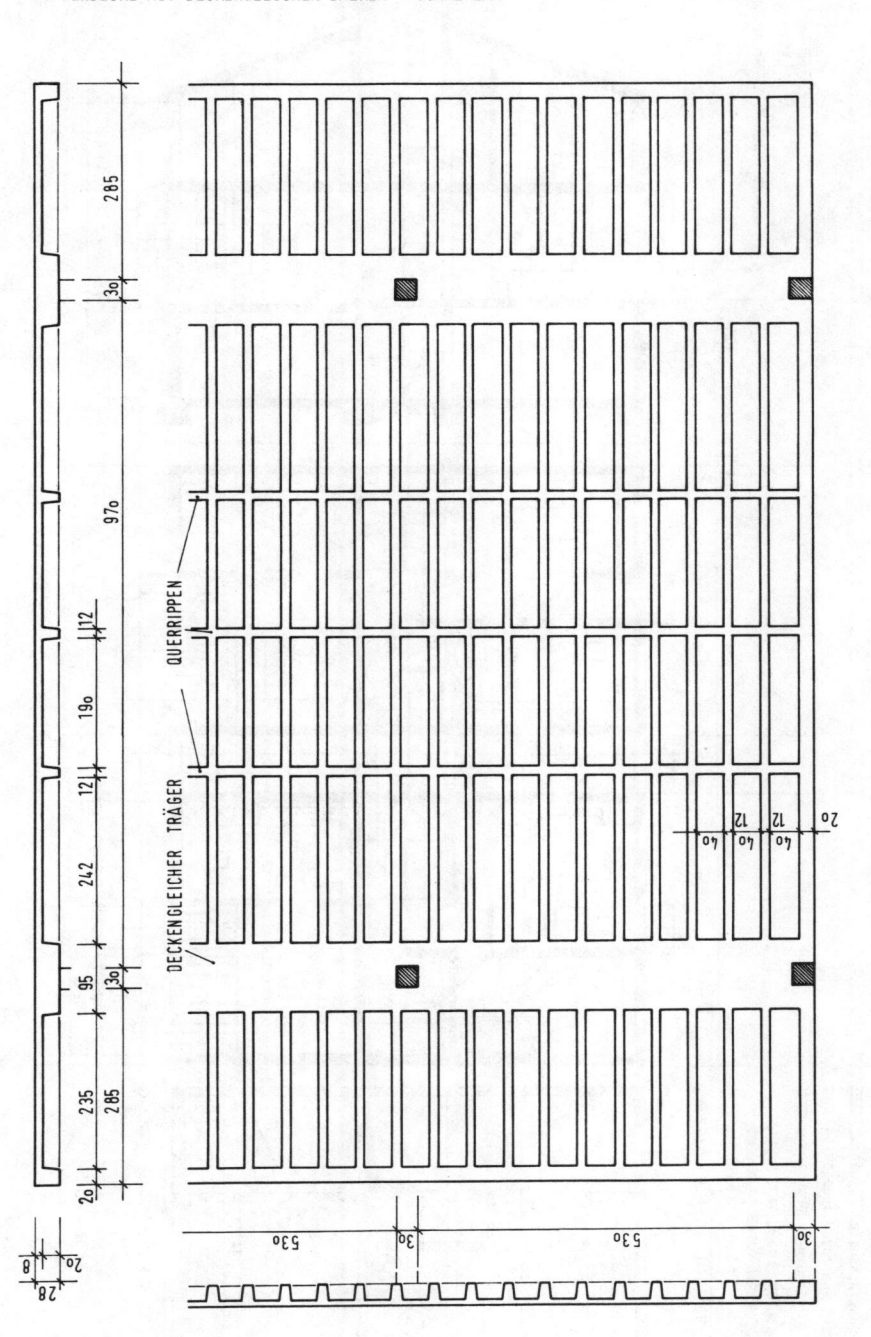

StB 4 KONSTRUKTION STAHLBETON

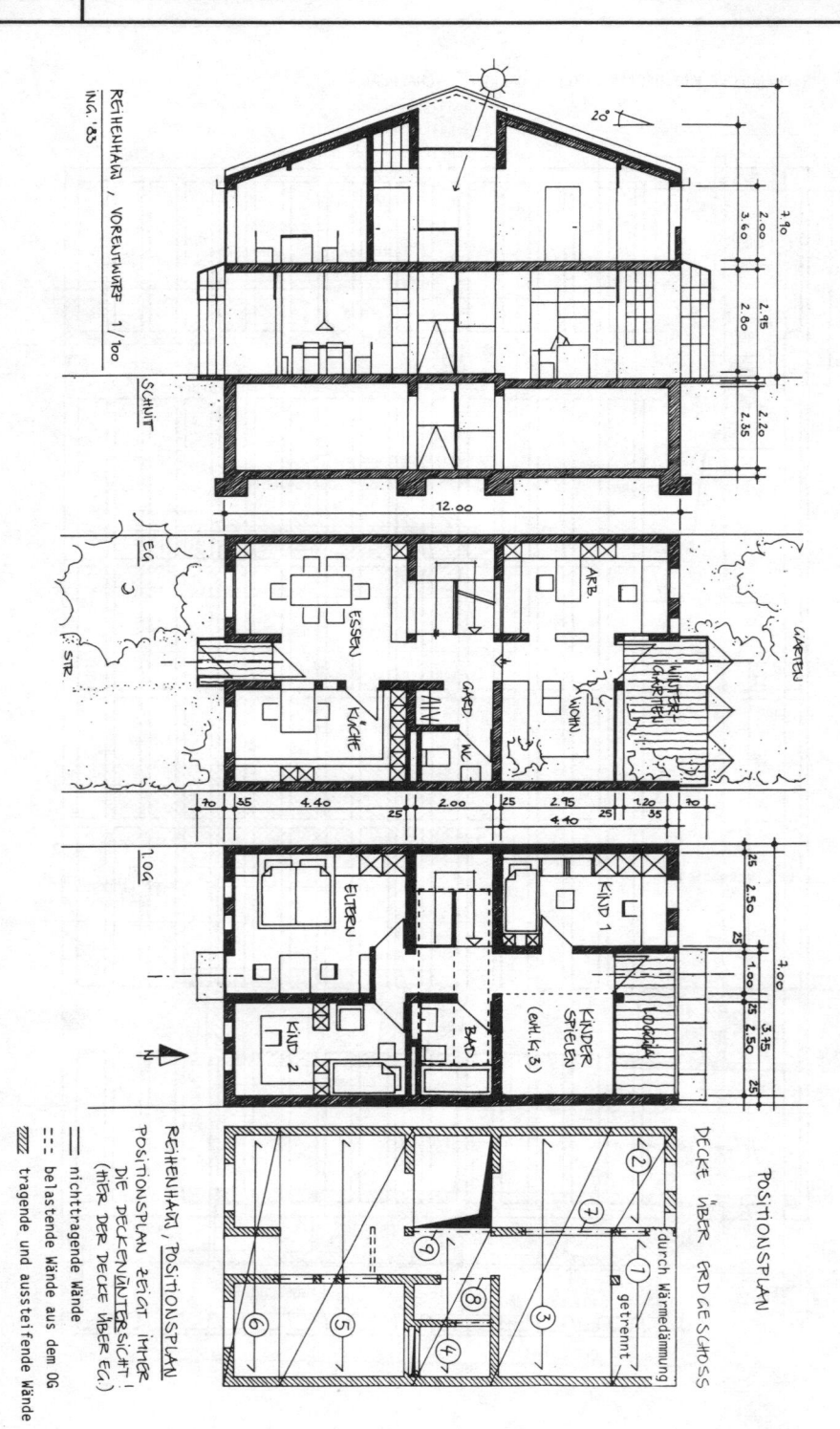

STAHLBETON — KONSTRUKTION — StB 4

SCHALBLECHE UND SCHALKÖRPER FÜR RIPPENDECKEN

Schalbleche für Rippendecken:

Blechhöhe	230	280	330	380
Blechbreite	A	B	C	D
	250	250		
	300	300		
	350	350	350	
	400	400	400	400
	500	500	500	500

Blechlänge 1000 mm Blechdicke 2 mm

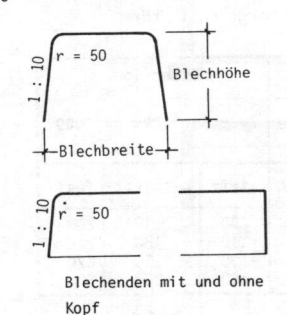

$r = 50$, $1:10$, Blechhöhe, Blechbreite

Blechenden mit und ohne Kopf

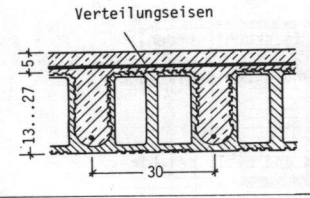

Beispiele für Schalkörper:
Schalkörper aus gewellten Blechen
Schalkörper aus Holzfaserplatten
Schalkörper aus Holzwerk- und Schaumstoffen

Durisol-Hourdisdecke
Füllkörper aus Holzspanbeton
Ortbeton — Querbewehrung — Durisol-Hourdis-Füllkörper
bzw. 18,24 / 12 / 17 / bzw. 23,29 / 50

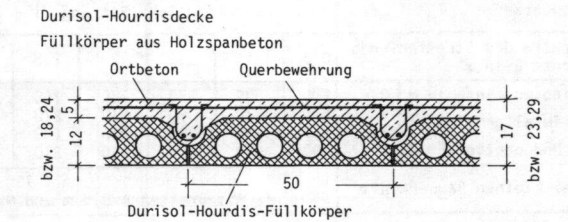

System Klimalit-Hollwo
Füllkörper aus Holzwolle
Ortbeton — Querbewehrung — Preßling
Längsbewehrung — Crapoleiste
5,5 / 14,5 / 20

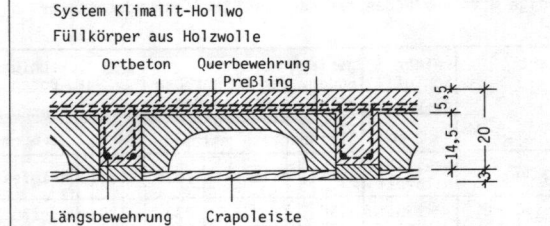

Leichtschalkörperdecke
Füllkörper aus Isopor
Isopor-Leichtschalkörper — Ortbeton 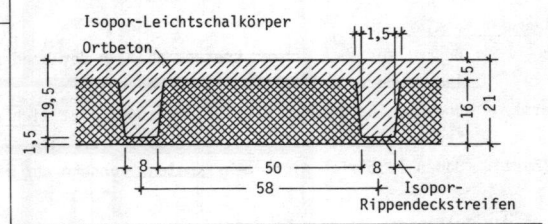
1,5 / 19,5 / 16 / 21 / 5
8 — 50 — 8
58 — Isopor-Rippendeckstreifen

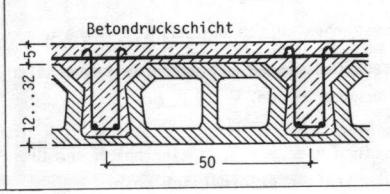

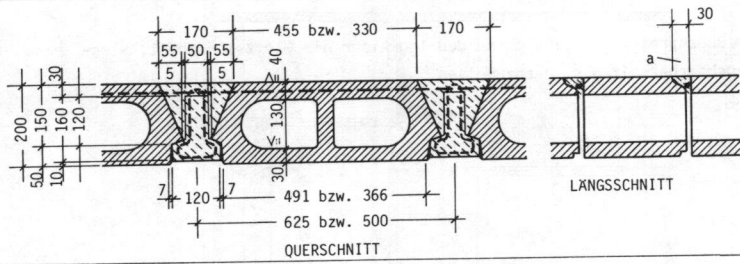

Rippendecke mit Deckenziegeln
Verteilungseisen
13...27 / 5 / 30

Betondruckschicht
12...32 / 5 / 50

QUERSCHNITT: 170 — 455 bzw. 330 — 170
55, 50, 55 / 5 / ≧ 40
200 / 150 / 160 / 120 / 50 / 10 / 30
≦ 130
7 / 120 / 7 — 491 bzw. 366
625 bzw. 500

LÄNGSSCHNITT: 30, a

G | BAUGRUND | GRÜNDUNGEN

<u>Zulässige Bodenpressungen für Regelfälle</u> (DIN 1054; 4.2)

Zulässige mittlere Bodenpressungen in kN/m^2 für Streifenfundamente auf nichtbindigen und schwach feinkörnigen Böden.

Bauwerk		setzungsempfindlich (Setzung 1 - 2 cm)						setzungsunempfindlich (Setzung ≥ 2 cm)			
Breite des Streifenfundaments b in m		0,5	1	1,5	2	2,5	3	0,5	1	1,5	2
Einbindetiefe in m $\triangleq$ im allgemeinen Gründungstiefe	0,5	200	300	330	280	250	220	200	300	400	500
	1	270	370	360	310	270	240	270	370	470	570
	1,5	340	440	390	340	290	260	340	440	540	640
	2	400	500	420	360	310	280	400	500	600	700
bei kleinen Bauwerken		150 mit Breiten ≥ 0,3 m und Gründungstiefen ≥ 0,3 m									

Zulässige mittlere Bodenpressung für Streifenfundamente bei bindigem Baugrund in kN/m^2

Bodenart		reiner Schluff Setzung < 2 cm	gemischtkörniger Boden, der Korngrößen vom Ton- bis in den Sand-, Kies- oder Steinbereich enthält			tonig-schluffiger Boden zu erwartende Setzung < 4 cm			fetter Ton zu erwartende Setzung < 4 cm		
Konsistenz		steif bis halbfest	steif	halbfest	fest	steif	halbfest	fest	steif	halbfest	fest
Einbindetiefe in m	0,5	130	150	220	330	120	170	280	90	140	200
	1	180	180	280	380	140	210	320	110	180	240
	1,5	220	220	330	440	160	250	360	130	210	270
	2	250	250	370	500	180	280	400	150	230	300

<u>Erkennen der Konsistenz</u>:

Steif: Boden läßt sich schwer kneten, aber in der Hand zu 3 mm dicken Röllchen ausrollen, ohne zu reißen oder zu zerbröckeln.

Halbfest: Boden reißt bei dem o.g. Rollversuch, läßt sich aber noch aufgrund ausreichender Feuchtigkeit erneut zu einem Klumpen formen.

Fest (hart): Boden läßt sich nicht mehr kneten, sondern nur zerbrechen.

<u>Erhöhung</u> der zulässigen Bodenpressungen:

Die Kanten- bzw. Eckpressungen dürfen auf das 1,3-fache der o.g. Tafelwerte erhöht werden.

Pressungen unter Rechteckfundamenten mit einem Seitenverhältnis a/b < 2 und unter Kreisfundamenten dürfen um 20 % erhöht werden.

<u>Herabsetzung</u> der zulässigen Bodenpressung kann bei hohem Grundwasserstand und evtl. bei Einwirkung von horizontalen Kräften erforderlich sein.

Neben der Ermittlung der Bodenpressungen sind durch den Ingenieur die Gleitsicherheit, Kippsicherheit evtl. Grundbruchsicherheit u.a. nachzuweisen.

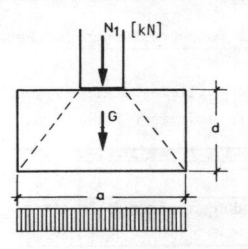

GRÜNDUNGEN — BEMESSUNG — G

Spannungsnachweise

mittige Belastung:

$G = a \cdot b \cdot d \cdot \gamma \quad [kN]$
$N = N_1 + G \quad [kN]$
$A = a \cdot b \quad [m^2]$

$$\boxed{vorh\ \sigma = \frac{N}{A} \quad [kN/m^2] \leq zul\ \sigma}$$

Die aus den <u>ständigen</u> Lasten resultierende Kraft muß die Sohlfläche in inneren Drittel schneiden (Ausmittigkeit $e \leq a/6$), so daß keine klaffende Fuge auftritt.

Die aus der <u>Gesamtlast</u> resultierende Kraft darf ein Klaffen der Sohlfuge höchstens bis zu ihrem Schwerpunkt verursachen (Randabstand der Resultierenden $\geq a/6$, Ausmittigkeit $e \leq a/3$).

ausmittige Belastung:

durch ausmittige Normalkraft oder
zusätzliches Moment: $\quad e \leq \frac{a}{6} \rightarrow \sigma = \frac{N}{A} \pm \frac{M}{W}$

oder

Spannungsberechnung analog TS 3 $\quad e > \frac{a}{6} \rightarrow max\ \sigma = \frac{2\ N}{3\ c \cdot b}$

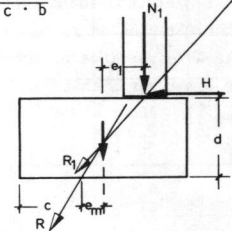

vertikale und horizontale Belastung:

$G = a \cdot b \cdot d \cdot \gamma \quad [kN]$
$N = N_1 + G \quad [kN]$

Zeichnerische Ermittlung der Exzentrizität e_m:

Kräfteplan:

M.d.K: $1\ cm \triangleq \ldots\ldots kN$

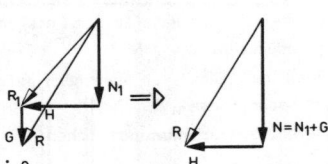

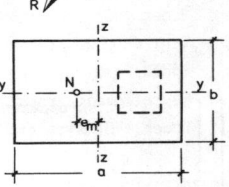

e_m ablesen $\rightarrow M_m = N \cdot e_m$

Lage des Fundaments so wählen, daß bei ständigen Lasten $e_m \leq a/6$, sonst $e_m \leq a/3$ (s. Hinweis oben).

oder **Rechnerische Ermittlung:**

$M_m = H \cdot d - N_1 \cdot e_1 \quad (= N \cdot e_m)$

Bemessung:

$A = a \cdot b \quad [m^2] \qquad W_z = \frac{b \cdot a^2}{6} \quad [m^3]$

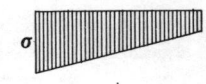

wenn $e_m \leq \frac{a}{6}$ $\quad \boxed{vorh\ \sigma = -\frac{N}{A} \pm \frac{M_m}{W_z} \leq zul\ \sigma}$

wenn $e_m \geq \frac{a}{6} \leq \frac{a}{3}$ Berechnung von $c : c = \frac{a}{2} - e_m$ s. Skizze (oder abgelesen)

$$\boxed{vorh\ \sigma = -\frac{2\ N}{3\ c \cdot b} \leq \sigma\ zul}$$

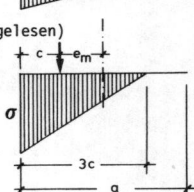

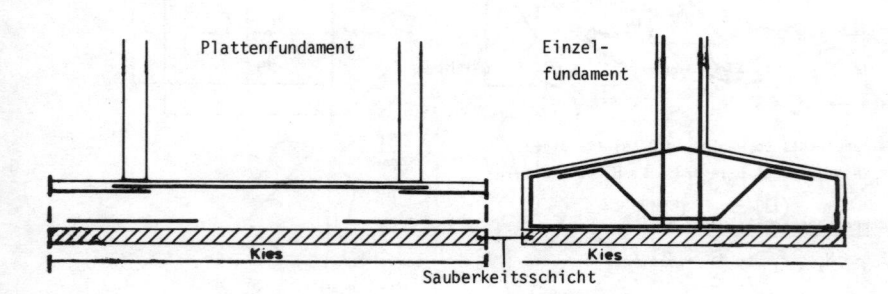

KONSTRUKTION — GRÜNDUNGEN

Konstruktive Hinweise:

Die Gründungssohle muß frostfrei liegen, mindestens aber 0,8 m unter Gelände.

Streifenfundamente werden im allgemeinen in unbewehrtem Stampfbeton ausgeführt, ebenso kleinere Einzelfundamente unter Stützen mit kleineren Lasten.

Der Winkel der Lastausbreitung im Fundament hängt ab von Bodenpressung und Betonklasse. Daraus folgt die Höhe d des Fundamtents:

$d = a \cdot n$ (s. Tabelle)

Bei großen Einzelfundamenten ist es wirtschaftlicher, Stahlbeton zu verwenden, um die Höhe d zu verringern. Für Plattengründungen kommt nur Stahlbeton infrage.

n-Werte für die Lastausbreitung (n = tan α)

Bodenpressung in kN/m^2 =	100	200	300	400	500
B 5	1,6	2,0	2,0	unzulässig	
B 10	1,1	1,6	2,0	2,0	2,0
B 15	1,0	1,3	1,6	1,8	2,0
B 25	1,0	1,0	1,2	1,4	1,6
B 35	1,0	1,0	1,0	1,2	1,3

Plattenfundament — Einzelfundament — Kies — Sauberkeitsschicht

ANHANG

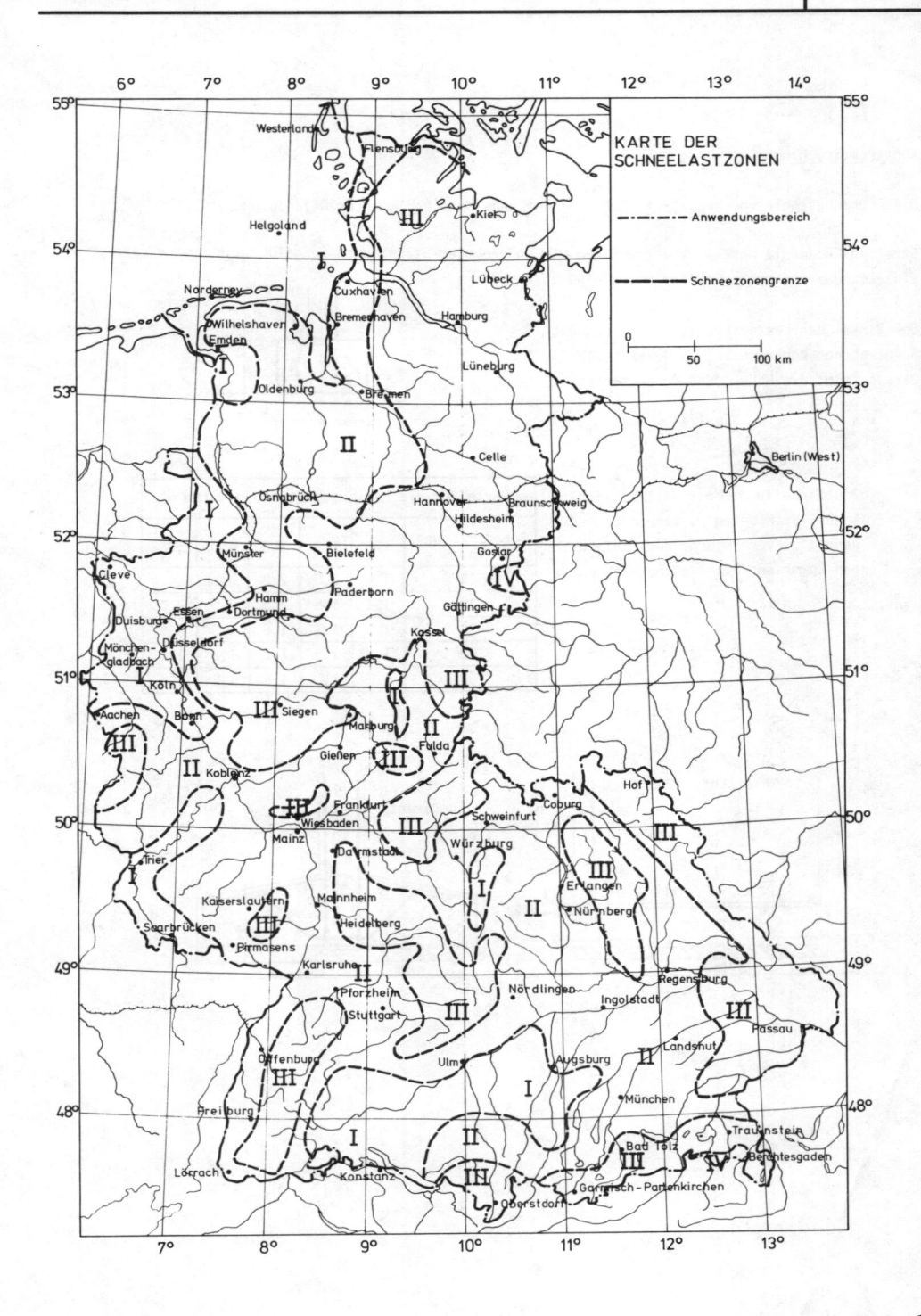

SCHNEELASTEN